全国高等教育环境设计专业示范教材

室内设计

许亮 杨扬 / 编著

INTERIOR DESIGN

重庆大学出版社

图书在版编目（CIP）数据

室内设计/许亮，杨扬编著.—重庆：重庆大学出版社，2014.11

全国高等教育环境设计专业示范教材

ISBN 978-7-5624-8486-8

I．①室… Ⅱ．①许…②杨… Ⅲ.①室内设计—高等学校—教材 Ⅳ.①TU238

中国版本图书馆CIP数据核字（2014）第177951号

全国高等教育环境设计专业示范教材

室内设计 许 亮 杨 扬 编著

SHINEI SHEJI

策划编辑：周 晓

责任编辑：李桂英 赵 琴　　版式设计：汪 泳

责任校对：关德强　　责任印制：赵 晟

重庆大学出版社出版发行

出版人：邓晓益

社 址：重庆市沙坪坝区大学城西路21号

邮 编：401331

电 话：（023）88617190 88617185（中小学）

传 真：（023）88617186 88617166

网 址：http://www.cqup.com.cn

邮 箱：fxk@cqup.com.cn（营销中心）

全国新华书店经销

重庆市金雅迪彩色印刷有限公司印刷

开本：787×1092 1/16 印张：8.75 字数：229千

2015年1月第1版 2015年1月第1次印刷

印数：1—5 000

ISBN 978-7-5624-8486-8 定价：58.00元

前言

PREFACE

顺应社会生活水平不断提高的要求，20世纪80年代中期以来，我国高等院校的室内设计专业教育应运而生。经过了二十余年的历程，这个艺术性和科学性相结合的新兴专业已取得了突飞猛进的进步，并伴随着高等学校艺术学升级为学科门类，设计学成为一级学科，室内设计专业将面临新的挑战和机遇，朝着新的学科建设构架方向发展。

基于这样的背景和时代要求，本书的编写也具有其积极意义，它涵盖了室内设计专业系统完整的理论知识，同时又有新的设计观念导入，注重理论知识的系统性，同时注重设计方法的讲授，对学生实际操作能力、项目把握能力和创新能力的培养。

本书共分四章，第一章从理论上宏观地论述了室内设计的概念、范围、目标、发展趋势等；第二章以实际项目从设计到施工的完整操作过程论述室内设计的方法与流程，以及系统地揭示了室内设计的构想、作品及设计师的评价方法和基本规律；第三章具体地论述了室内主要空间类型的设计，包括住宅空间、商场空间、办公空间、展示空间的室内设计；为了给学生一个系统的室内设计概念，在第四章特别讲授了星级饭店的系统化设计。

本教材的编写参考了众多学者和公司的成果，在此一并致谢。本书中的不当之处，在此敬请设计界的前辈、同仁及各位读者不吝赐教。

编　者

2014年10月

目　录

CONTENTS

1 室内设计概述

1.1 室内设计的概念、范围及目标

1.1.1 室内设计的概念

室内设计，是人为环境设计的一个主要部分，是指建筑内部空间的理性创造方法，是一种以科学为构造基础，以艺术为形式表现，为塑造一个精神与物质并重的室内生活环境而进行的理性创造活动。

室内设计是一门复杂的综合学科，它与室内装饰不同，不仅仅是物象外形的美化。现代室内设计已涉及建筑学、社会学、民俗学、心理学、人体工程学、结构工程学、建筑物理学以及材料学等学科领域，要求运用多学科的知识，综合地进行多层次的空间环境设计（图1-1）。

图1-1 A　生机盎然的“家”（Kathleen Spiegel Man）

图1-1 B　深圳图书馆（黑川纪章）

1.1.2 室内设计的范围

室内环境依据建筑性质和使用功能的不同，可以划分为两大类别：住宅室内环境和公共室内环境。

住宅类室内设计的式样及功能空间的基本构成如表1-1；公共类室内设计的各类别及功能如表1-2。

表1-1 住宅类室内设计式样及功能表

类别	居住式样	功能空间组成
住宅室内设计	别墅式住宅 公寓式住宅 集合式住宅 院落式住宅	前室设计 起居室设计 书房设计 工作室设计 卧室设计 厨房设计 休闲室设计 储藏室设计 浴厕设计 客厅设计

表1-2 公共类室内设计类别及功能表

类别	类别分项	功能空间组成	类别	类别分项	功能空间组成
商业室内设计	商店环境 商场环境 餐饮环境	门厅设计 营业厅设计 餐厅设计 酒吧设计 茶饮设计 展示区设计 工作房设计 卫生间设计	旅游室内设计	旅馆环境 游艺场环境	大堂设计 客房设计 舞厅设计 会议厅设计 餐饮室设计 健身房设计 管理区设计 游艺场设计 卫生间设计 内庭设计 精品店设计
文教室内设计	学校环境 图书馆环境 幼儿园环境	门厅设计 过厅设计 中庭设计 休息厅设计 活动室设计 教室设计 会议厅设计 学术报告厅设计 阅览室设计 管理房设计 卫生间设计	观演室内设计	剧场环境 电影院环境 音乐厅环境	休息厅设计 观众厅设计 排演厅设计 化妆室设计 卫生间设计 控制室设计 管理房设计
办公室内设计	办公楼环境 写字间环境	门厅设计 接待厅设计 办公室设计 会议室设计 工作间设计 卫生间设计	展示室内设计	美术馆环境 博物馆环境 展览馆环境	休息厅设计 展厅设计 展廊设计 报告厅设计 会议室设计 管理房设计 卫生间设计
体育室内设计	体育馆环境 游泳池环境	门厅设计 休息厅设计 比赛厅设计 训练厅设计 设备间设计 卫生间设计 转播间设计	医疗室内设计	医院环境 门诊部环境 疗养院环境	门厅设计 诊室设计 治疗室设计 病房设计 休息厅设计 辅助空间设计 卫生间设计

续表

类别	类别分项	功能空间组成	类别	类别分项	功能空间组成
交通室内设计	车站环境 候机环境 候船环境	休息厅设计 等候厅设计 商业区设计 检票区设计 卫生间设计 辅助空间设计	其他	厂房、实验室、种植暖房、饲养房等	

1.1.3 室内设计的目标

室内设计的目标体现在物质建设和精神建设两个基本方面。

（1）物质建设目标

物质建设包含设计的实用性和经济性的原则。

①实用性

室内设计的实用性建立在物质条件的科学应用上，如室内的空间计划、家具陈设、贮藏设置，以及采光、通风、管道等设备，必须合乎科学、合理的法则，以提供完善的生活效用，满足人们的多种生活需求。

②经济性

室内设计的经济性则体现在人力、物力和财力的有效利用上，室内环境提供给人们生活和工作的空间，其空间设施、设备必须注重方便、实用和高利用价值，充分发挥物力资源的最大功效；同时，还应建立精密预算和使用时效的科学观念，只有这样才能发挥财力资源的最大效益（图1-2）。

（2）精神建设目标

精神建设包含设计的艺术性和个性特色两个要素。

①艺术性

艺术性是指塑造具有强烈精神感受的视觉环境空间。室内设计的艺术性建立在形式原理与形式要素之上，无论是室内的造型、色彩、光线和材质等要素都必须符合美学原理的要求，以求视觉感官和精神上的审美效果。

②个性特色

个性特色是指塑造室内环境的性格境界，只有使空间透过室内形式反映出不同的个性特色，才能满足个体和群体的特殊精神品质和性格内涵，使人们在有限的空间里获得无限的精神感受。

实际上，室内设计不是单纯的生活科学，也不是单纯的生活艺术，它不能以孤立的功能或形式为唯一的目标，相反，室内设计是生活科学与生活艺术的统一，以精神建设为“体”，以物质建设为

图1-2 密特朗国家图书馆

“用”，共同提高人类的物质生活水平和精神生活价值。追求人性化的生活环境是室内设计的最高理想和最终目标（图1-3）。

1.2 室内设计的发展趋势

随着社会的发展和时代的推移，室内设计会向何处发展？作为今天的设计师或未来的设计师应该具有一种敏锐的观察、思索和预测设计发展的能力。鉴于此，对现代室内设计的发展趋势从多个角度加以分析介绍，以供思索讨论。

（1）高科技与高情感化的设计趋势

未来的室内设计趋势正向着高科技、高情感化结合的方向发展，既重视高科技在室内环境中的运用，又强调人情味和人性味。因此，设计师必须以宏观的态度去吸收各种科技的新观念，并能将它应用在室内设计中，同时重视“以人为主”的设计，从人性出发关注人的心理和情感诉求。

（2）强调生态设计趋势

随着科技的高速发展，环境及生态系统也遭到了破坏，如何保护人类赖以生存的环境，维持生态

图1-3A　大连国际会议中心（奥地利蓝天组建筑事务所，大连市建筑设计院，J&A姜峰室内设计有限公司）

图1-3B　苏州博物馆（贝聿铭），尺度、材料、空间、文脉、模数的内在彰显

图1-4 A　垂直绿化外遮阳系统

系统的平衡，成为全球关注的现实问题，也成为现代设计师们的责任。把生态思想引入室内设计，扩展其内涵，有助于室内设计向更高的层次和境界发展。室内环境生态设计主要体现为三方面内容。

①提倡适度消费

倡导节约型的生活方式，反对室内环境的奢侈铺张，强调把生产和消费维持在资源和环境的承受能力范围内。

②注重生态美学

强调自然生态美，欣赏质朴、简洁，而不刻意雕琢；强调人类在遵循生态规律和美的法则下，运用科技手段加工创造出的室内绿色景观与自然的融合（图1-4）。

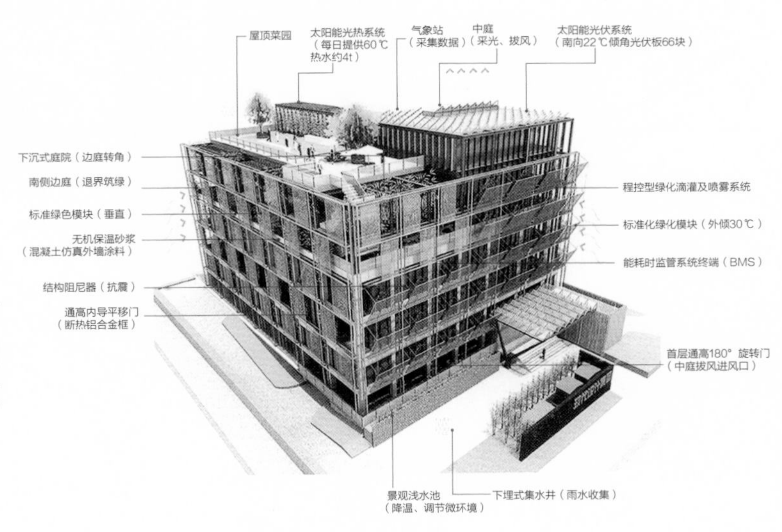

图1-4 B　生态节能设计（华东建筑设计研究总院）。上海申都大厦——集形象、采光、遮阳、导风、景观等方面于一体，建筑内外的人都能感受到绿意盎然

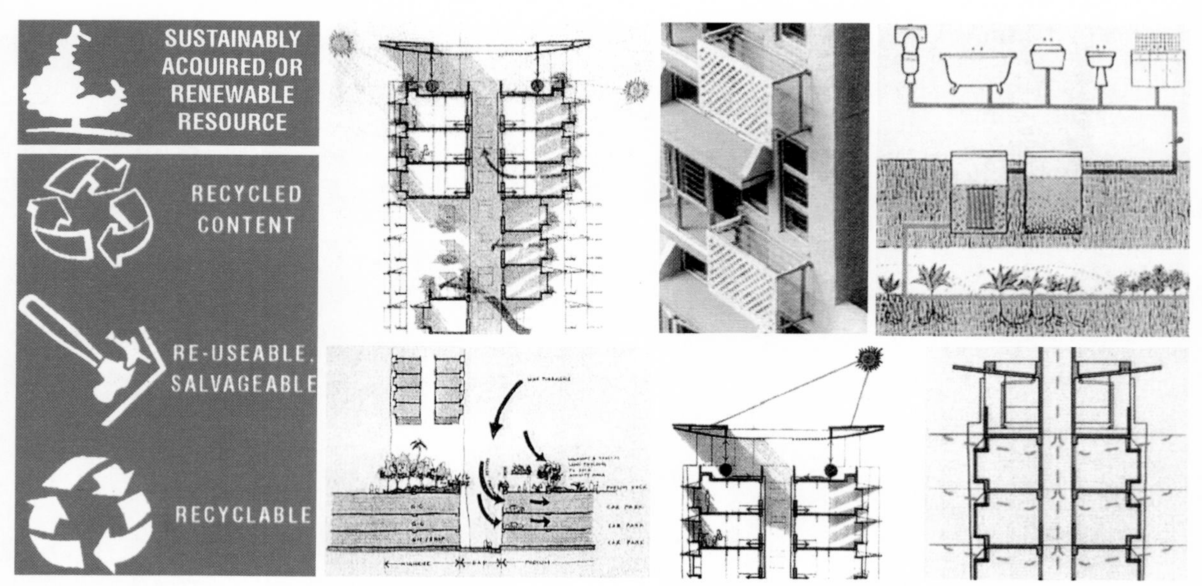

图1-5 基本设计策略

图1-6 杭州西溪悦榕庄客房设计

③倡导节约和循环利用

强调在室内环境的建造、使用和更新过程中，对常规能源与不可再生资源的节约和回收利用，即使对可再生资源也要尽量低消耗使用（图1-5）。

（3）强调文化内涵的设计趋势

“21世纪是文化的世纪”，越是高度发展的后工业社会、信息社会，人们越是对文化具有更为迫切的需求。因此，室内设计应富有文化的内涵，在风格、样式、品位上提高到一个新的层次。设计师应努力挖掘不同地域、不同民族、不同时期的历史文化遗产，用现代设计理念进行新的诠释和传承。同时，文化内涵的发掘与捕捉也是设计风格形成的基石（图1-6）。

（4）简洁现代的设计趋势

简洁就是把设计思想高度精练，使设计简化到它的本质，强调它内在的魅力，追求一种形式的现代化和简洁化，以与快节奏的现代生活特征和社会进步发展相适应（图1-7）。

（5）个性化与风格多样化的设计趋势

个性化强调独特、另类、打破千篇一律。独具一格、拥有自己特质的个性空间总是能给人留下深刻的印象，同时也满足不同消费群体对空间风格的

图1-7A　北京柏悦酒店SPA室

图1-7B　蜂房酒吧（铃木数彦）

不同需求。除此之外，在设计风格上也呈现出变化与多样的发展趋势，如混搭风格，通过不同材料、家具、元素之间的搭配，不同风格的兼容，不同生活方式（如传统、个性、张扬等）在同一空间的并存，所呈现出的新的风格趋势；又如锐中式、自然主义、玩乐主义等风格趋势（图1-8）。

图1-8A　混搭风格的起居室设计（David Hicks Pty Ltd）

图1-8B　融入自然的餐厅设计（CASE DESIGN STUDIO）

1.3　室内设计的原则

1.3.1　功能与形式相统一的原则

室内设计包含功能和形式两个相辅相成的结构层面。

室内环境功能，是指室内环境的实用性。其基本点是建立“以人为本”的理念，以满足人和人际活动的需要为宗旨，以安全—卫生—效率—舒适为基本原则，以解决综合性的人、空间、家具、设施等之间的关系问题为目标，以此创造出高品质的室内空间环境。同时，也应该认识到，自然界中的一切东西都具有一种形状，也就是说有一种形式，即外部的造型。同样，室内环境的功能也总是以特定的形式而体现。功能决定形式，形式为功能服务，互为依存。

因此，室内设计创意构思的前提是必须满足室内的功能要求。设计师应能熟悉各种性质的空间功能构成关系，掌握并能灵活运用解决各种空间功能

图1-8C　个性化的空间设计（CarlD'Aquinoe Francine Monaco of D'Aquino Monaco Inc.）

问题的方法。在满足功能需要的前提下，按照美的形式法则来创造室内空间形式，以使得室内环境的功能与形式达到和谐统一（图1-9）。

1.3.2　注重可持续发展的原则

可持续发展的基本含义是：人类社会的发展应当满足当代人需要，又不对后代人满足其需要的能力构成危害（《我们共同的未来》，1987年）。可持续发展的设计理念在现代室内设计实践中，应该从以下几方面去认识和体现。

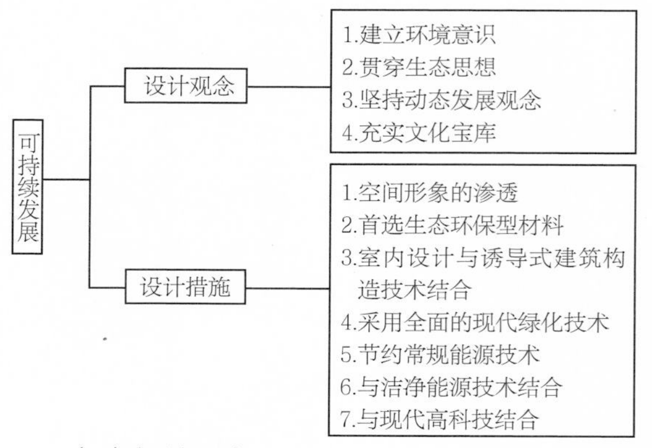

（1）设计观念

①建立环境意识

“室内”的英文对等词是“interior”，这个词的意思是“内部的”，并非专指室内。从广义来看，它的范围可以小到一间居室，也可以到一个院落、村镇、城市，以至整个国家。可见它的范围是极其宽泛的。设计师只有建立了这种广义的环境意识，才有可能开始真正意义上的“interior design”，即内部环境设计。由此，就能够将“室内”看作大环境系统的一个有机组成部分，看成一个环境与系统，在设计中统筹考虑内部环境与外部环境的有机联系，创造出满足人们生活、工作要求

图1-9A　具有工业感的服饰店设计——功能与形式的统一（Andre Perrotte，Gilles Saucier）

图1-9B　普通图书馆和接待柜台间的共享厅

的理想的内部环境，符合可持续发展的原则（图1-10）。

②贯穿生态思想

在设计中贯穿生态思想，使室内设计有利于改善地区局部小气候，维持生态平衡。中国道家“天人合一”的观念，强调人与自然的协调关系，强调人工环境与自然环境的渗透和谐调共生，就是生态思想的很好体现（图1-11）。

③坚持动态发展的观念

可持续性设计不仅要考虑静态的三维空间，还应考虑动态的时间因素。特别是在当今社会，生活节奏日益加快，从功能环境、审美需求到装饰材料、设施设备等日新月异，因此，在设计伊始就应该考虑将来各种各样的可能性，为以后的设计、设计师留有发挥的余地。

④充实文化宝库

室内设计是一种文化创造，它既需要继承优秀的历史文化遗产，尊重历史和生活的印记，又应该丰富、充实人类的精神文化宝库，随着岁月的流逝，积淀新的文化创造，留给后人去体验、咀嚼。这种文化意义上的可持续发展比起有形的、具体的可持续发展，影响更为深刻、更为久远。

（2）设计措施

①空间形象的渗透

在空间塑造过程中充分考虑内部环境与外部环境、建筑与室内的关系，并通过文化创造，力求

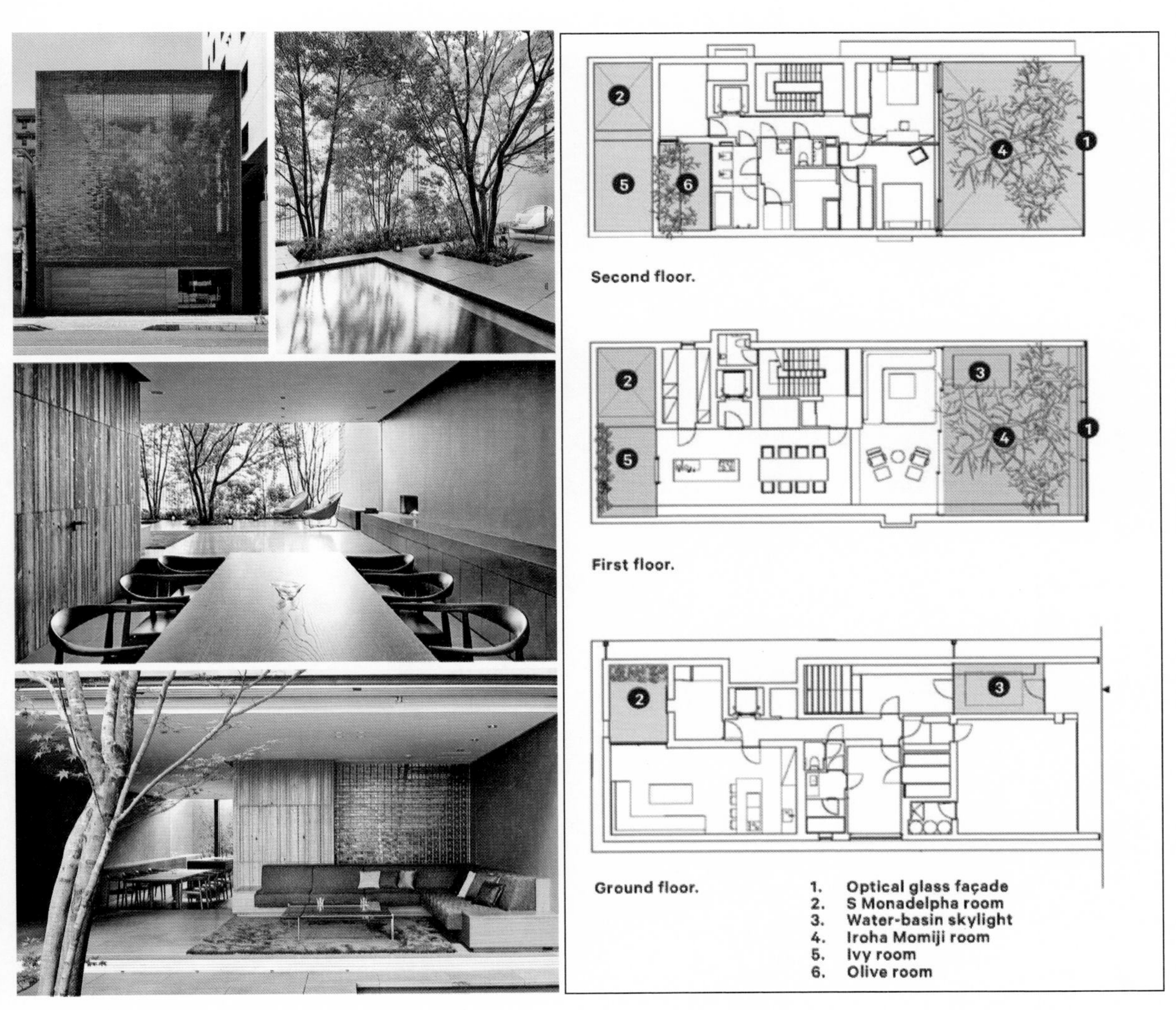

图1-10　自然和谐的居住环境（Hiroshi Nakamura）

图1-11A　集生态智能技术于一体的建筑——上海世博会上海案例馆

图1-11B　日本玻璃宾馆会议空间（九万健吾）

图1-12A　内外互动的形式空间（彦根建筑设计事务所）

图1-12B　乡村别墅（Lgor palamarchuk）。将设计、技术、材料、空间，通过结构、材质、形式的概括与组合，呈现出简洁典雅、朴实可亲、灵活方便的个性

使创造的空间形象能够激发人们某种文化方面的联想，把传承与创新结合起来，创造出符合时代特点的新型室内空间。

②首选生态环保型材料

生态环保型材料正在逐步实现清洁生产和产品生态化，在生产和使用过程中对人体及周围环境都不产生危害，并可循环再利用。

③室内设计与诱导式建筑构造技术结合

通过诱导式建筑构造技术设计可以有效地利用自然通风、自然采光，满足室内的采光通风要求，提高室内的舒适度。把诱导式建筑构造技术的外在形式作为“部件”“元素”融入室内设计（图1-12）。

④采用全面的现代绿化技术

由于植物能够吸收二氧化碳，清除甲醛、苯和空气中的细菌，形成健康的室内环境，因此扩大绿化，把绿化庭院引进室内环境以促进室内外进行物质与能量的交换，是室内生态系统设计的重要内容。目前发展起来的腐殖土生成技术、防水处理技术、无土栽培技术等都为室内绿化提供了技术上的支持（图1-13）。

⑤节约常规能源技术

节约常规能源技术是室内生态设计中不可忽视的重要方向。如现代科技研制出的吸热玻璃、热反射玻璃、调光玻璃、保温墙体等新材料的运用，可以达到保温和采光的双重效果而大大节省能源。此外，节能型灯具、节水型部件等设备都能起到节约常规能源的效果。

⑥与洁净能源技术结合

使用洁净能源，既满足使用能源的可持续性，又不会对环境产生危害，最符合生态型的室内环境要求，如目前广泛使用的太阳能利用技术（图1-14）。

⑦与现代高科技的结合

以计算机技术、自动控制技术、电子技术、材料技术等为代表的现代高科技在室内设计中的应用，将对采光、通风、温度、湿度等室内环境产生巨大的影响（图1-15）。

图1-13　富有田园气息的就餐区

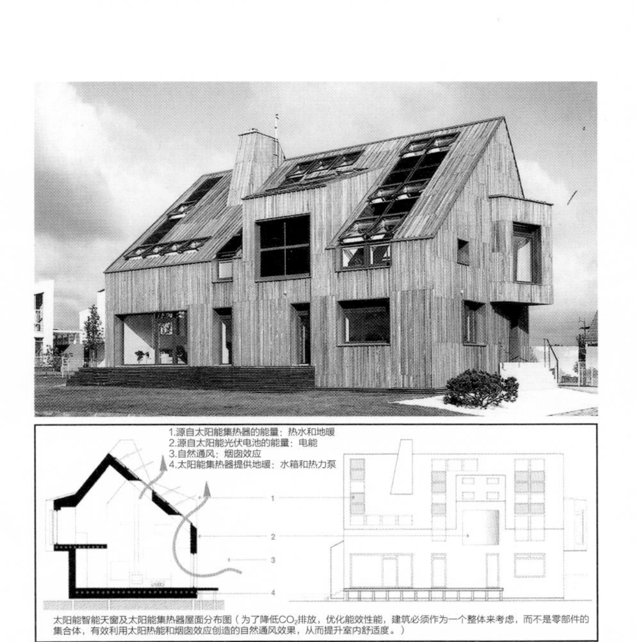

图1-14　节能、高效、健康的住宅（俄罗斯Polygon Lab建筑事务所）

1.3.3 注重艺术性的原则

室内设计的艺术性是指在组织和塑造空间时，其形式内涵有两方面的属性：一种是内在的内容，另一种是事物的外显方式。内在的内容是通过室内气氛、室内心理感受、室内意境呈现出美感，事物的外显方式是指运用形式美法则——适度、均衡、韵律、和谐，通过形式的外显方式呈现出美感。

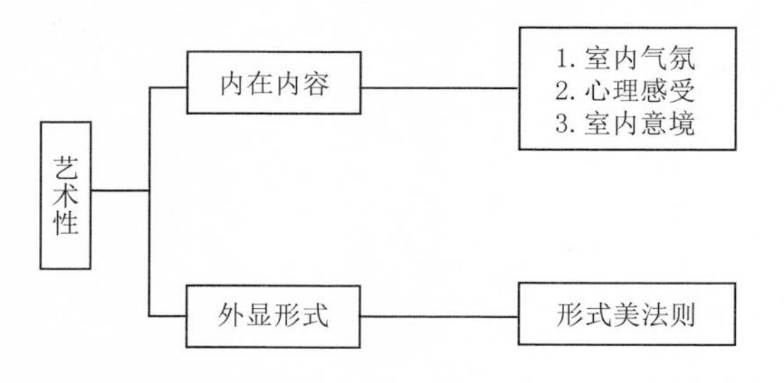

图1-15　德国国会大厦（Foster & Partners）。由计算机系统控制其运动的天棚能根据太阳的轨迹，避免直射阳光的影响。弯顶的核心为覆盖着镜子的锥体，以散射光线引入室外景观，这部分中设置有一个机械装置能提供自然通风，与外界进行热交换，并能发电

（1）室内气氛

室内气氛是室内环境给人的总体印象。不同功能、性质的空间应该有不同的性格内容，设计实践时设计师应从空间的性质、用途、使用对象以及营销策略等方面去思索定位，以创造出给人不同感受的环境气氛。如宴会厅需要热烈、欢快、富丽的气氛；小型雅间则需要富有亲切、典雅、轻松的气氛；大型会堂应是庄严、宏伟、端庄的气氛。即使同样是中餐厅也由于对象不同其室内气氛也各不一样，如婚礼用的中餐厅，室内设计应该具有一种喜庆、祥和、热烈的气氛；风味餐厅则给人们朴实感、亲切感、富有生活气息（图1-16）。

（2）心理感受

室内心理感受是指空间环境作用于人的感觉器官所产生的心理反应。不同年龄、不同性别、不同职业、不同信仰、不同民族、不同地域的人，对环境空间也必然各有其不同的心理反应和标准。因此，设计师要学会研究人的认识特征和

图1-16A　自然风格与工业感之间的对话（李中霖）

图1-16B　隐喻扶持、节节向上的梦幻玫瑰花园式的婚礼空间（登琨艳）

规律，研究人的情感和意志，研究人和环境的相互作用，运用各种理论和手段去冲击影响人的情感，使其升华以达到预期的设计效果。如室内设计中应用联想的手法来影响人的情感思维，以扩大环境触发人的感受深度和丰富的层次内涵。以“触景生情”的手法为例，就是利用人们对主题环境的“触景生情”的心理，唤起人们“熟悉”的潜意识心理感觉（图1-17）。

（3）室内意境

室内意境是室内环境所集中体现的创意构思、意图、主题，是室内设计中精神功能的高度概括，是一种能引起人无限的、深邃的思索和联想，给人某种启示或收益的设计艺术美。

意境的本质是文化的体现。设计美的意境归根到底是从文化中生发出来的。一般将文化分为三个层次：其一是文化情调。它是设计中最为感性直观的要素，也是表层的要素。例如餐厅装饰设计中常借鉴少数民族地区的图形，以追求一种异域文化情调。其二是文化心理。它指设计中弥漫在某个群体中的不系统、不定型、自发的文化意识。如民俗习惯、信仰和崇拜等。其三是文化精神。它是一个民族、一个社会的一切文化领域和文化现象的精神成果。文化精神已经成为民族、社会赖以生存的精神支柱和不断发展的动力。如故宫建筑的理性精神，日本建筑的道禅色彩都属于文化精神层面的体现。

室内环境的意境是通过室内空间布局、家具器物的样式选择、材料质感的搭配以及界面造型等一系列环境的设计来营造出空间的意境美感，使人深深地感悟到设计内在的个性、情调、品位等内涵（图1-18）。

（4）形式美法则

室内设计所运用的最主要的形式美法则包括：适度美、均衡美、韵律美及和谐美。

①适度美

适度美是对人而言的，人是一个真正的标尺。室内设计中适度美有两个中心：一是以人的生理适度美感为研究中心，另一个是以人的心理适度美感

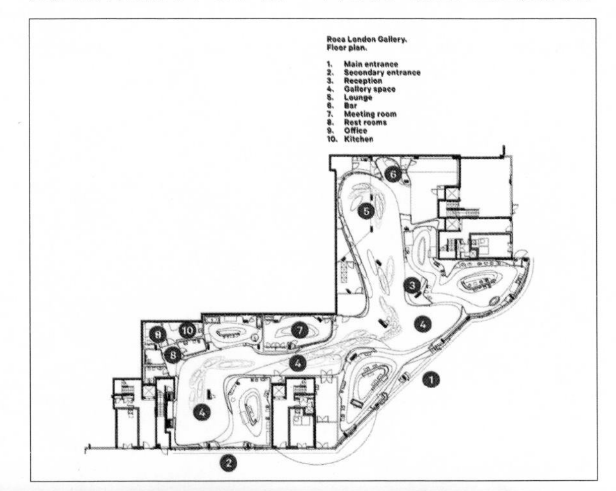

图1-17　主题“水的侵蚀”带来的心理联想—— 西班牙卫浴品牌Roca展示设计（Zaha Hadidi）

为研究中心。从人的生理方面来看，设计要符合人体工学原理，以此来实现人的生理适度美感；从人的心理方面来看，设计要满足人潜在的心理反应与需求，如对自然的需求、对安全感的需求等，以此来实现人的心理适度美感。

图1-18　具有禅意的餐厅设计（前田太郎、佐藤匠、岩村美辉）

图1-19　朴拙与创新交融的和谐美——上海五维茶室（创盟国际）

②均衡美

均衡追求的是心理上的异形同量，其特点是对比变化中的均衡。室内设计运用均衡形式主要表现在四个方面，即形、色、力、量。

形的均衡反映为各元素构件的外观形态的对比处理上；色的均衡反映在色彩对比运用中的冷暖、纯度、明度、面积设置的量感上；力的均衡反映在室内装饰形式的重力性均衡上；量的均衡反映在视觉面积的大与小、多与少的均衡上。

③韵律美

室内设计中的韵律美是通过空间设计的基本元素——点、线、面、体的有规律的重复变化，如形的大小、疏密、曲直渐变，色彩的暖至冷、明至暗，材质肌理的表现等方面来具体体现，从而给予空间以秩序感和整体感。

④和谐美

是指室内各部分（造型、色彩、材质、陈设等）之间的相互谐调关系。空间造型形式中的和谐包含类似和谐与对比和谐两种基本形态，类似和谐即室内设计中采用相同或相似的细部重复组合，延伸所产生的形式；对比和谐，则是采用不同的细部相组合所产生的形式。前者富于抒情柔和的审美意义，而后者具有强烈、明快的感觉。无论是类似或对比的形象塑造，都必须能给人以融洽、适宜、愉悦的视觉心理感受（图1-19）。

1.3.4　注重科学性的原则

现代室内设计的一个基本观点，是强调科学性与艺术性的结合，科学技术是室内环境创造的基础与支撑，科学技术的进步必然带来社会生活的进步，同时又推动室内设计向前发展。现代环境设计应充分重视并积极运用当代科学技术的成果，包括新型的材料、先进的施工工艺，以及为创造良好声、光、热环境的设施设备。

科学性与艺术性，在不同类型的室内环境，如厂房、餐厅的设计中，会有所侧重，但从设计观念出发，仍然是并重，二者协调统一。而且现代审美的内涵已大大丰富，现代科学技术成果已含有大量的技术审美因素，这就要求今天的设计师必须具备必要的结构类型知识，熟悉和掌握现代结构体系以及现代建筑技术和现代设施设备技术。如材料节点构造、钢网构架、安全装置、空调设备等（图1-20）。

1.3.5　注重地域与历史文脉的原则

不论是东方还是西方，不论是物质技术还是精神文化，人类社会的发展，都具有历史延续性。任何事物都是同时处于空间和时间两个范畴之中，室内设计也不例外，它总是受地区、历史、文化等条件的影响，而铭刻着时代的印记，形成不同的风格与特点，并推动着设计艺术向前发展。今天的设计师在进行室内设计时，更应该重视历史文化的延续和发展，充分尊重地域特点、民族性格、风俗习惯以及文化素养的内涵，从设计思想、理念到空间组织、构图、装饰等都应洋溢一种文化的继承性及与时代相谐调的内在品质，以体现出社会进步带来的时代精神及新的文化需求（图1-21、图1-22）。

1.3.6　注重设计价值与业主需求的原则

室内设计不仅是功能、艺术、技术的创造性劳动，也是为追求经济利益的创造性劳动，是通过设计完成委托方对项目投资的经济期待的一种回报活动。因此，设计要以为社会、业主、公司带来经济利益为价值取向，才能真正实现设计的价值。

不同业主，不同项目，有不同的项目投资理念和价值取向，从而形成了不同业主有不同的设计构想目标、经济目标、市场目标和其他功能目标。设计师在设计初期应该扎扎实实研究业主的经济战略、策略和基本设计原则，要主动向业主的决策层和经办者请教，倾听管理层的意见，领会管理层的决策意图，充分尊重他们对设计的具体功能要求、艺术要求、技术要求、经济要求以及市场竞争的策略，并逐一分析提炼，加以综合定论，给予准确设计定位，使设计更具方向性，提高设计的成功率。

图1-20　阿拉伯文化中心由幕窗构成的高科技墙，通过内部机械驱动光圈开阖，根据天气阴晴调节进入室内的光线量

图1-21　极具人文气息的北京紫禁城书苑（北京集美组）

图1-22　具有传统色彩的惠州洲际度假酒店大堂

1.4　室内设计与相关设计领域

1.4.1　室内设计与建筑设计

（1）室内设计与建筑设计的关系

室内设计与建筑设计的关系密不可分，它实际就是建筑内部空间的设计，是建筑整体的有机组成部分。其关系是：建筑设计是室内设计的基础，室内设计是建筑设计的深化与发展，所以室内设计师应懂得建筑的性质及设计原则、方法与步骤，以最大限度地理解和扩展建筑设计的构思和意图。而建筑设计师应懂得室内设计的特点和要求，从建筑环境的整体构思为室内设计创造良好的持续发展空间。总之，只有把建筑设计和室内设计作为一个整体设计来考虑，才能真正创造一个主题突出、构思明确、统一和谐、富有个性和生命力的环境作品，才能符合社会发展赋予环境艺术设计师的时代职责和使命。

（2）室内设计与建筑设计的异同

室内设计和建筑设计既有共同之处又有不同之处。共同的一面是设计理论体系相通，虽然室内设计理论更具体、更细致并且有相对独立的内容，但它与建筑设计之间更多的是相互的交融与关联。如，均强调以人为本的原则，都要求符合构图规律和美学法则，并要考虑空间的比例、尺度、节奏、韵律、对比、统一等因素。从一定意义上讲，前者是目，后者是纲；前者在后者的大前提下展开。不同的一面是：建筑设计是创造总体、综合的时空关系，解决建筑的使用功能问题，处理内部与外部的形式以及建筑构造问题等；室内设计则是通过室内空间界面，创造理想的、具体的时空关系。同时，室内设计更重视环境对人的生理和心理效果，更强调材料的质感和纹理及色彩的设置、灯光的运用、细部的处理和形态的塑造，这些都直接为人所感知，所以，室内设计又比建筑设计更加细腻、更加具体（图1-23）。

1.4.2　室内设计与陈设艺术设计

陈设艺术设计是室内设计中非常重要的组成部分。伴随社会、经济的发展，现代设计的分工越来越细致，以陈设艺术设计来提升室内品质的消费市场日趋成熟，陈设艺术设计在商业设计领域中已渐渐独立出来成为一个新的专业，已有室内陈设公司、软装公司专门从事陈设艺术设计方面的工作（图1-24~图1-27）。

（1）陈设艺术设计概念

陈设艺术设计是室内空间设计的完善和深化，

图1-23　日本美秀美术馆（贝聿铭）景观、建筑、室内、人文等一体化的设计

图1-24　家居陈设设计

图1-25　酒店客房陈设设计（杨邦胜）

图1-26　装饰性陈设

图1-27　酒店大堂的装饰性陈设起到了营造意境的作用

是设计者根据空间的功能需求、使用对象、设计定位等要素，精心设计出高品质、高舒适度、高艺术境界的室内空间环境，它包括了功能性陈设（家具、灯具、织物、器皿等）和装饰性陈设（雕塑、绘画、工艺品、植物等）两大类，广泛地应用于住宅、酒店、餐饮、办公等空间环境的设计中。

（2）陈设艺术设计的作用

陈设艺术设计在室内空间设计中起着非常重要的作用：通过家具、工艺品等陈设灵活划分空间和组织空间，强化空间的功能性质；柔化空间，调节室内色彩；烘托室内空间的氛围，营造意境和精神空间，唤起使用者的情感共鸣；强化室内设计的风格和个性；表现地域文化特征，使空间更具人文气息和文化底蕴。

（3）室内设计与陈设艺术设计的关系

陈设艺术设计和室内设计是相辅相成的关系，它们均是为了解决室内空间的功能、形象等问题，并以创造适宜人们生活、工作、休闲的理想环境为目标。一个好的室内空间环境设计离不开陈设艺术的烘托点缀，陈设艺术的设计实施也依赖于室内空间的功能和风格定位，须在室内空间设计的大的创意基础上作细化和深入。

| 知识重点 |

1. 阐述室内设计的概念。
2. 室内设计的范围包括哪些?
3. 如何理解室内环境的物质建设目标和精神建设目标?
4. 阐述室内设计的发展趋势。
5. 阐述室内设计的原则。
6. 如何体现可持续发展的设计原则?
7. 阐述室内设计艺术表现的内在内容和外显方式。
8. 简述室内设计与建筑设计的关系。
9. 简述室内设计与陈设设计的关系。

| 作业安排 |

1. 分组查阅资料, 市场调研, 收集室内设计的优秀案例, 完成对室内设计的现状与发展趋势的调研报告。
2. 通过设计案例分析室内设计中如何体现设计的艺术性原则。
3. 通过设计案例分析室内设计中如何体现可持续发展的原则。

2 室内设计方法

2.1 室内设计策划与流程

2.1.1 室内设计策划

（1）策划的概念及特征

策划是集谋略、创造与科学程序于一体的艺术。策划，就是计划、打算，是整体战略与策略的运筹规划。

策划涉及众多的科学领域，归纳起来其知识构架主要由经济学、行为学、人文学、战略学、管理学、营销学、传播学、心理学组成，甚至涉及政策法规和行业经验。策划的发展和建立都是以一系列现代科学理论的整合为基础的。

策划的特征：

①可行性

策划必须以现实为依据、为条件而展开，以现实为参照进行可行性的论证，一切无法实施、不具备可行性的策划如同虚空，因而，策划必须具有极强的必要性、合理性和可操作性。

②目标性

策划具有鲜明的目标性、预见性。策划必须有一个明确的目的。没有目的，即不存在策划，即失去思想的方向和意义。

③预见性

策划的出发点是现在，落脚点是未来，因此，策划本身是一种预见性的行为，根据事物的发展规律预先推测将来，从而制定指导我们行为活动的规划和原则。因而，策划也必须对现实行为具有引导性和超前性。

④可控制性

策划既然是有目标性的，这要求策划的预见性和可行性中必须包括对每一个阶段、每一种状态及终端结果应该有必然的把握和可控制性。一个策划构想在其具体实施当中若对其终端结果不能控制，则意味着它是一个失败的策划，所以，策划是一种宏观控制。

⑤创造性

不管策划包含多少属性特征，策划的灵魂应是其创造性，如果一个策划构想不具备创造性，就很难出奇制胜。

（2）室内设计与策划的关系

设计作为一种人类有意识的活动，其含义是：“在正式做某项工作之前，根据一定的目的要求，预先制定方法、图样等。”这意味着策划与设计具有相似的性质。

随着时代的发展，室内设计作为相对独立的设计领域，其广泛的内容和自身的时代要求也得到了发展与升华。现代室内设计不再是简单的功能布置和界面处理，或对某种理念进行空间形态及美学塑造，而是日趋体系化、系统化，且以策略化发展为主导。

策划先于设计、引领设计、统筹设计。设计的依据是策划，设计本身又是一个再策划的过程。这使得空间环境设计必然包含两个方面的概念：立足宏观需求的策略性策划和以美学塑造为目的的视觉效果策划。

①立足宏观需求的策略性策划

立足宏观需求的策略性策划需要设计师配合

项目或客户宏观的终端目标（如市场目标、效益目标）进行设计实施前的策划，至少必须明白设计与整体策略的关系。例如主题餐厅的设计，即需要设计师首先要立足于或配合餐饮主题整体策划定位，从主题策略切入具体设计，以策划为先导，在满足业主经营思路和投资回报的情况下，运用整体策划设计的方法以做到艺术性和实用性的统一，主题风格与经营运作的统一，将设计理念和经营策划交织在一起进行思考，以设计的方式体现策略性。

②以美学塑造为目的的视觉效果策划

以美学塑造为目的的视觉效果策划也是一个再策划的过程，要求设计师对于其设计对象必须有明确的设计目标和严谨的设计计划，系统整合相关背景资料，综合考虑空间功能的组织、造型要素的处理、色彩材质的搭配、灯光与氛围的烘托等问题，同时考虑设计实施、设计管理、使用需求等方面对设计的制约因素。这就需要室内设计师做到设计未行，策略先动，对设计项目有宏观的把控能力，从而科学、合理、有效地推动项目的进程，而这个策略显然已经不是一个只会对环境进行空间布局、美感塑造的设计师所能完成的。

因此，时代的发展使室内设计师所面对的不再是单纯的本专业、本学科的问题，其工作性质也不再是简单用笔和电脑实现设计主体的形式美感的问题，策划给设计师提出了全新的挑战，它甚至要求设计师必须具备多种专业知识，尤其是策划方面的知识；使设计者承担双重以上的身份：既是策划人，又是设计师；既是室内设计师，同时还是策划人。

2.1.2 室内设计流程

室内设计是一个涉及众多学科的复杂的系统工程，它需要满足人们生理、心理等多方面的需求，同时还要解决材料、工艺、设备、施工等多方面的问题，这就要求从设计准备到设计实施都需要有严谨的设计流程和科学的设计方法，才能确保设计每个环节的顺利展开。

室内设计根据设计的进程，可以分为六个阶段的内容，即设计准备阶段、方案设计阶段、设计深化阶段、施工图设计阶段、施工监理阶段、设计评估阶段。

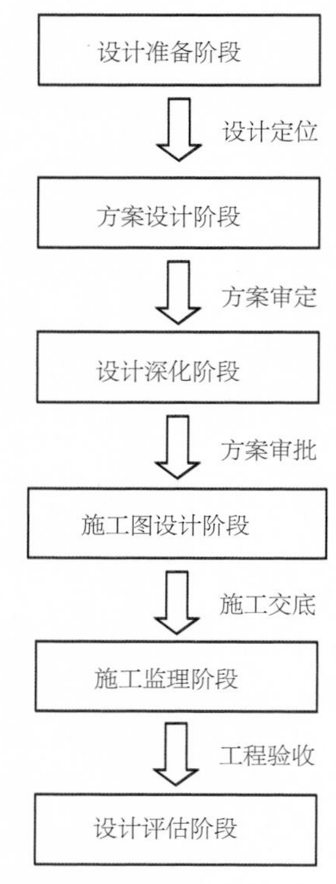

（1）设计准备阶段

设计准备阶段主要包含了设计任务书、设计调研、设计资料整合、设计定位四个方面的内容。

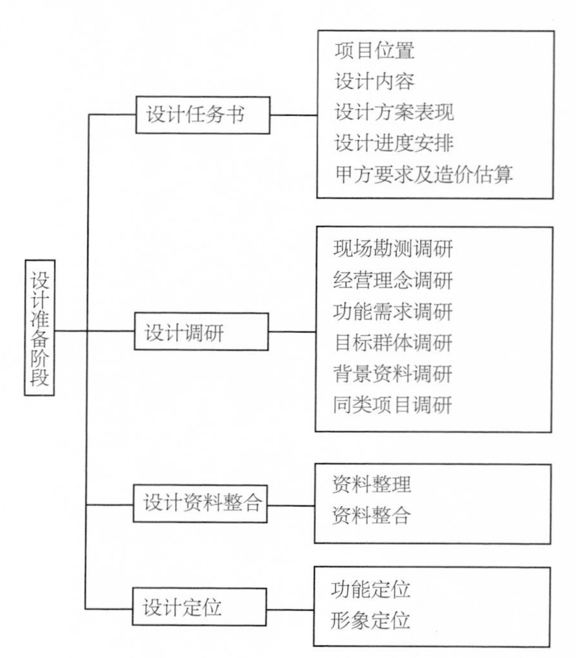

①设计任务书

设计任务书是设计师在设计前所明确的设计任务和工作方向。设计任务书可以是甲方制定的相关的委托文件，通过招投标或设计委托的方式交给设计方，也可以是设计方在设计开始之初对具体设计工作内容和时间上的详细安排。主要包含了以下四个方面的内容：

a.项目所处的位置。在设计任务书中应当明确项目具体的地点，以便后续设计师根据周边的地理以及人文环境的特性进行调研与分析。

b.设计的范围、内容及设计方案的表现形式。

c.设计进度安排。根据甲方的时间要求，制定更为详尽的时间进度表，保证设计的按时完成（图2-1）。

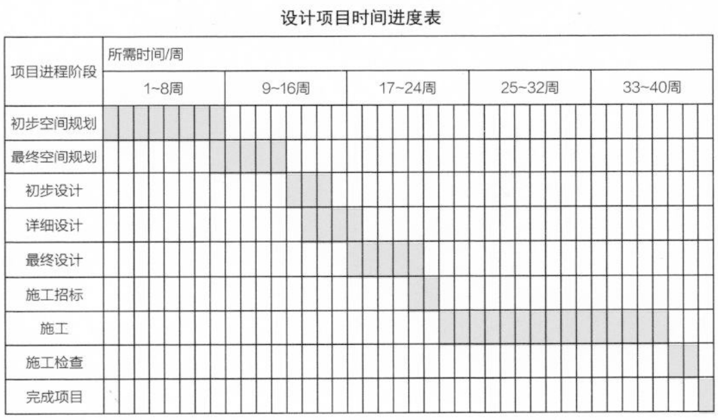

设计项目时间进度表

项目进程阶段	所需时间/周				
	1~8周	9~16周	17~24周	25~32周	33~40周
初步空间规划					
最终空间规划					
初步设计					
详细设计					
最终设计					
施工招标					
施工					
施工检查					
完成项目					

图2-1 设计项目时间进度表

d.甲方要求及造价估算。

设计任务书是设计师项目操作的指南，安排有序的工作方法和设计项目管理的能力本身也反映了一个职业设计师的水平，它给予客户的是效率和质量的保证。

②设计调研

设计调研是室内设计前期工作中非常重要的一个环节。设计概念的形成、空间功能的布局、空间形象的塑造等都依赖于前期大量调研资料的整合。

根据室内设计项目性质的不同，设计调研的侧重点和内容会有所差异，大致包含了以下六个方面的内容：

a.现场勘测调研：勘测调研包括了实地测量、基地周边环境调研、日照调研等内容。

• 实地测量：设计师需要根据甲方提供的土建施工图纸对室内空间的内部结构、层高、设备等情况进行综合的了解。同时，带上相机和测量工具进行现场踏勘和测量，对室内空间的长宽、柱轴距、柱宽、门窗、层高、梁高等进行详细的测量和记录，标注出与土建图纸有变动的地方以及相关设备（燃气管、风管、空调机房、配电房等）的位置，并拍摄空间的现状照片或影像，为下一步设计提供系统、完整、可靠的数据资料。

• 基地周边环境调研：包括对基地功能与周边功能的关系调研；基地与周边的道路交通关系调研；基地周边自然环境、人文环境调研；相关城市规划部门的法规文件调研等。

• 日照调研：根据对空间的日照情况的调研，合理划分功能布局。如需要自然光源的功能空间放到光线较好的位置，而如影像室、资料室、库房等空间则可以放到自然光源较弱或没有自然光源的位置。

b.经营理念调研：设计师需要立足于客户的经营定位、市场目标等来确定设计的主题方向，将设计理念与经营策划交织在一起思考。

c.功能需求调研：包括室内空间所需要的功能内容、面积大小、各功能组团之间的衔接。如办公空间设计，需要接待区、展示区、经理室、主管室、业务部、资料室、档案室、库房、卫生间、员工餐厅等功能设置，各功能区所需要多大面积指标，各功能区之间的位置设置。在这一阶段中，需要设计师对功能进行梳理，同时，多与客户进行交流，聆听他们对空间功能的意见和建议。

d.目标群体调研：包括对目标群体年龄、特征、层次、需求、爱好、习惯等的调研。如家居设计中对家庭成员的组成、年龄、生活方式等的调研，美容整形医院设计中对消费群体性别、文化层次、心理需求等的调研。

e.背景资料的调研：包括对设计风格的调研，对地域文化、风土人情、生活方式的调研（图2-2）。

图2-2　对传统建筑及文化的调研

f.同类项目调研与分析：对同类项目的设计创意、功能划分、尺度比例等方面进行资料收集或实地调研，找到案例成败的经验借鉴。

③设计资料整合

在收集相关的项目背景资料中，所采集和记录的信息往往是零散的、繁杂的，并非每个信息都可用于设计中，这时，需要设计师对信息进行组织与分类，提炼信息并进行整合，由此找到设计的创意点和项目方案的发展方向和实施步骤。

④设计定位

a.设计理念定位：立足于客户的宏观经营目标。

b.功能定位：以人对空间功能的需要为中心展开设计思考，确定室内空间的功能属性。

c.形象定位：确定设计的风格和相关造型构成要素。

（2）方案设计阶段

方案设计阶段是在设计准备阶段的基础上，进一步收集、分析、运用与设计任务有关的资料，进行构思立意和初步方案设计。

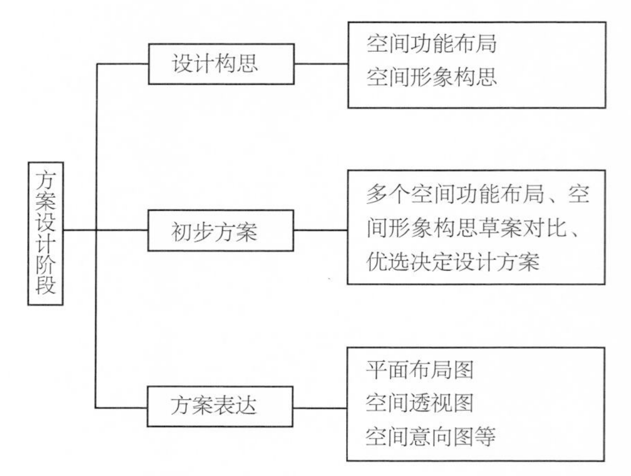

①设计构思

设计构思的初期常常是以草图的形式呈现，它是设计师自我思考和方案推敲的过程。设计构思涵盖了对空间功能、形象的构思，尺寸与比例的应用，色彩与材质的选择等内容，是设计师在充分考虑空间功能的前提下，以形象思维对空间造型、设计风格、材料色彩等因素综合分析比较，遵循整体—局部—整体的思维方式大胆进行空间与界面的设计构想。

a.空间功能布局

空间功能布局要解决各功能空间的合理布局、

交通流线的组织等问题。平面功能布局最开始常常是以气泡图的方式呈现，去推敲各功能之间的设置和关系是否合理，在气泡图的基础上作进一步的尺寸比例的深化（图2-3、图2-4）。

b.空间形象的构思

空间形象的构思是体现审美意识，表达空间艺术创造的主要内容。在空间形式、空间风格、文化元素、符号提取、空间界面、色彩与材质等方面展开思考和设计。

空间形象构思的灵感来源依赖于前期大量资料调研的整合，可以从人文历史、地域文化出发，也可以从文学作品、历史故事中获取灵感，这一过程是设计程序中最具活跃、最具创造性的阶段。

②初步方案

通过多个空间功能布局、空间形象的构思草案对比优选决定设计方案。在这个阶段中，需要设计师拓宽思维，设想设计方案的各种可能性，通过不同的平面草图的对比优选决定最合理的功能分区，通过多种空间构思形象的对比优选决定最有表现力的空间形象，而不局限于单一的空间方案的思考（图2-5）。

③方案表达

在这一阶段中，需要设计师将初步设计方案与甲方进行沟通，以便于后续设计的顺利推进。作为方案设计阶段，方案的表现有平面图、空间透视草图、空间意向图等。

（3）设计深化阶段

设计深化阶段是将初步方案进一步深化和完善，是方案设计到施工图设计的过渡阶段，在这一阶段中，要解决工程和方案中的一系列具体问题。

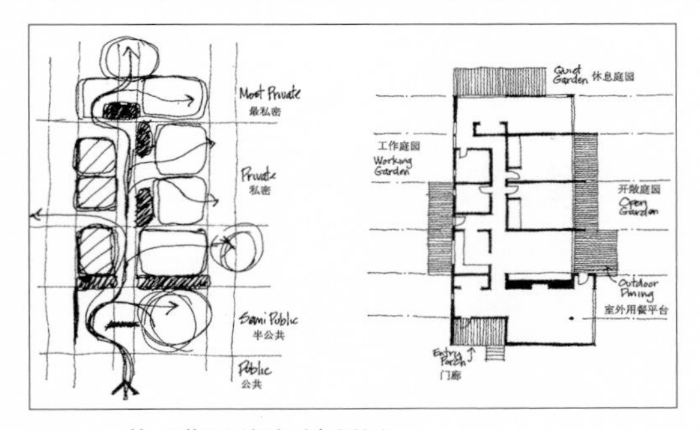

图2-3　构思草图到平面布置图

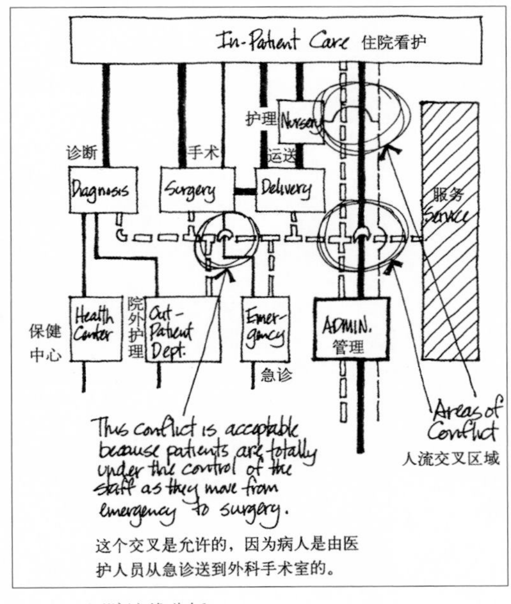

图2-4　医院流线分析

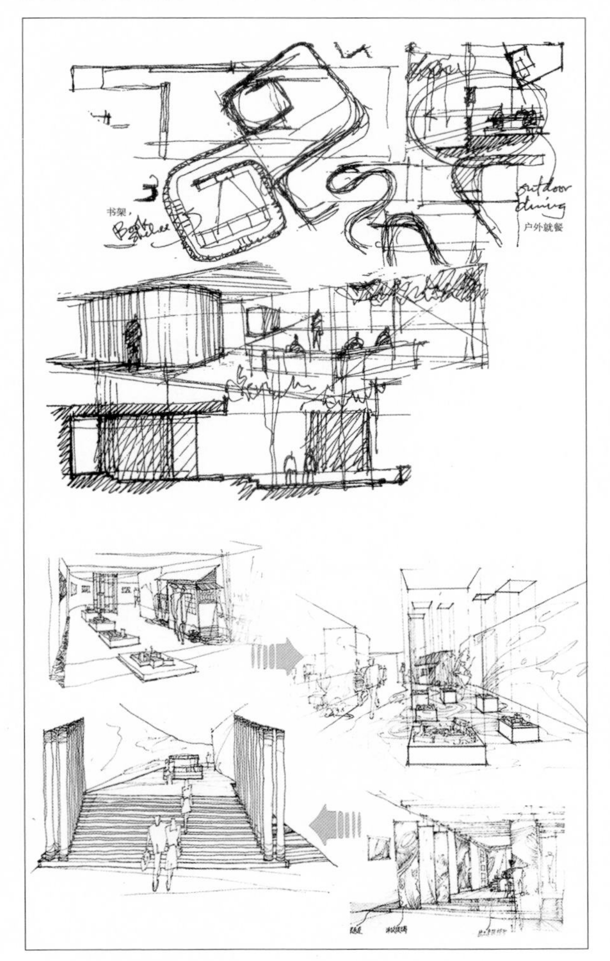

图2-5　空间构思草图

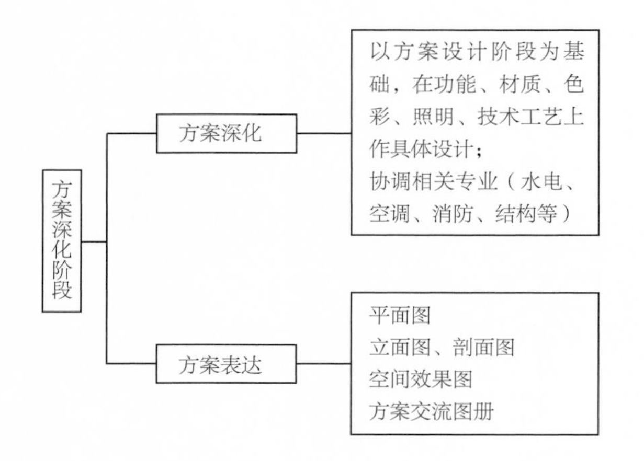

①方案深化

以方案设计为基础，在功能性、装饰性和技术工艺上作具体化表现。

设计师需要对平面布局、材质选择、色彩搭配、照明方式、陈设装饰等方面进行进一步的思考和设计，同时还需要考虑与其他相关专业的协调，比如结构系统，在墙面或者楼板处开洞需要结构工程师对承重结构的计算和分析；空调系统，考虑室内顶棚设计与空调出风口、检修口的布置；消防系统，考虑墙面设计与立面消火栓的关系，考虑顶棚设计与喷淋头的关系；给排水系统，考虑卫生间设计与各类洁具的布置与选型等。在方案深化阶段，需要与相关专业进行协调，当设计与相关设备发生冲突时，权衡利弊，双方协商共同解决造型与实用功能之间的矛盾，使设计创意更具有可行性（图2-6）。

②方案表达

a.平面图、立面图、剖面图（图2-7、图2-8）。

b.空间效果图。运用手绘或者计算机绘图的方式对主要空间进行表达，使客户能够直观地感受到方案实施后的空间效果。目前，计算机绘图已成为方案空间表达的主要方式（图2-9、图2-10）。

c.方案交流图册。对设计调研、概念、构思、

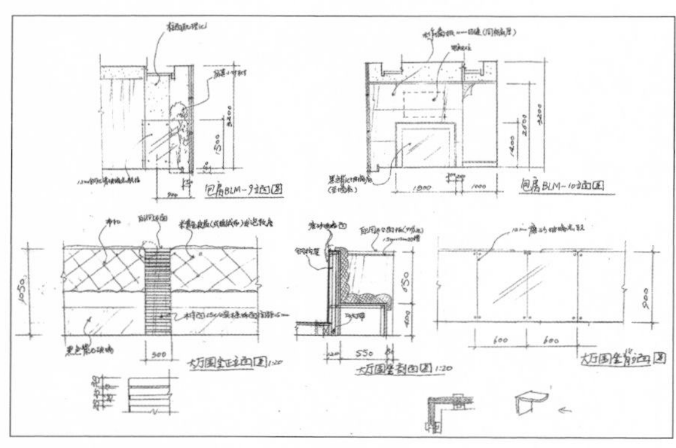

图2-6　设计方案深化（许亮）

图2-7　美容医院外立面方案（许亮、杨扬）

图2-8　立面图方案表达（刘万彬）

图2-9 中医美容室方案（许亮、杨扬）

图2-10 某工业服务中心方案（许亮、杨扬）

功能布置、空间形象等内容以图文并茂的方式进行编排。通过图册使甲方更为全面系统地领会整个设计意图（图2-11）。

（4）施工图设计阶段

施工图是室内设计施工的技术语言，是将设计构思转化为现实的重要载体，设计方案若要准确无误地实施出来，主要依靠于施工图阶段的深化设计。在这个阶段中，设计师需要完善设计方案、对造型、尺寸、构造、材料、工艺、设备等方面进行深入详尽的思考，并将其准确地反映于图纸中，同时还需协调相关专业，完成水电、消防等图纸。

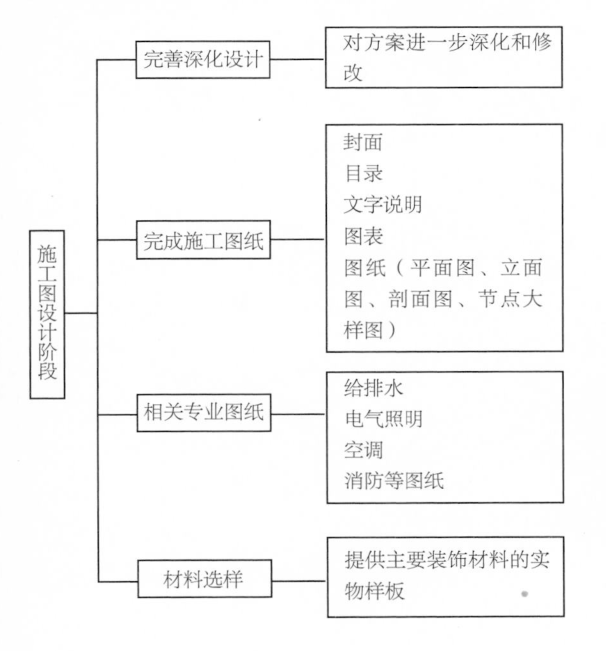

①施工图的作用

a.专业人员交流的语言。

b.进行施工招标的依据。

c.控制施工实施和进程的依据。

d.安排材料、设备购买、造型定制的依据。

e.竣工检验的准则和依据。

②施工图的图纸内容

在施工图设计中，应遵循制图标准，保证制图质量，做到图面清晰、准确，符合设计、施工、存档的要求，以适应工程建设的需要。施工图图纸内容主要包括以下几个方面。

图2-11 美容医院部分设计图册

a.封面：封面包括项目名称、设计单位、完成时间等。

b.目录：目录是施工图纸的明细和索引，主要包括项目名称、序号、图号、图名、图幅等。

c.文字说明：项目名称，项目概况，设计规范，设计依据，常规做法说明，关于防火、环保等方面的专项说明。

d.图表：材料表、门窗表、洁具表等内容。

e.图纸：

• 平面图：包括原始结构图、平面布置图、分区平面图、索引图、顶棚图、地铺图、灯位布置图、给水排水图等。

平面布置图：体现了室内总体布局关系，包括了各房间的位置和功能、家具摆放、门窗位置及开启方向等。

索引图：标明各立面图的索引符号、各剖面图的剖切位置、详图等的位置和编号。

顶棚图：表现吊顶造型样式和尺寸标高，标明了灯具的名称规格及位置，标明了空调出风口形式、音响系统的位置，标明吊顶剖切位置和符号。

地铺图：确定地面不同铺装材料和铺装样式、地面标高等。

• 立面图：表达室内空间的高度，墙面造型、材料、尺寸等（图2-12）。

• 剖面图：将装饰面整个竖向剖切或局部剖切，以表达其内部构造的视图。

• 节点详图：平、立、剖面图中未能表示清楚的一些特殊的局部构造、材料做法及主要造型处理应专门绘制节点详图（图2-13）。

• 相关专项图纸：包括给排水系统、电气系统、供暖与通风系统、消防系统、音响系统设计图。

f.施工图签署：所有施工图设计文件的签字栏里都应签署设计负责人、设计人、制图人、校对人、审核人等姓名。

③材料选样

设计方需要提供主要装饰材料的实物样板。

材料选样工作是设计效果得以实现的保障，材料样板的提供，使甲方更容易理解设计，感受真实效果，了解材料的使用情况，并对整个工程造价作出较为准确的判断。同时，它也是工程概预算、施工方购买材料和工程验收的依据。

（5）施工监理阶段

室内环境的最后实施效果是建立在施工质量的基础上，没有良好的施工质量的保证，再好的设计意图也难以实现。因此，设计师对施工过程的监理尤为重要。

施工监理阶段是室内工程施工期间，设计方、施工方、甲方三方针对工程施工的具体协调阶段，也是设计方对工程施工进行全面的监督与管理阶段。

①施工交底

正式施工前设计方就图纸、材料、构造、设备及现场问题等向施工方进行的详细说明、沟通和协商。

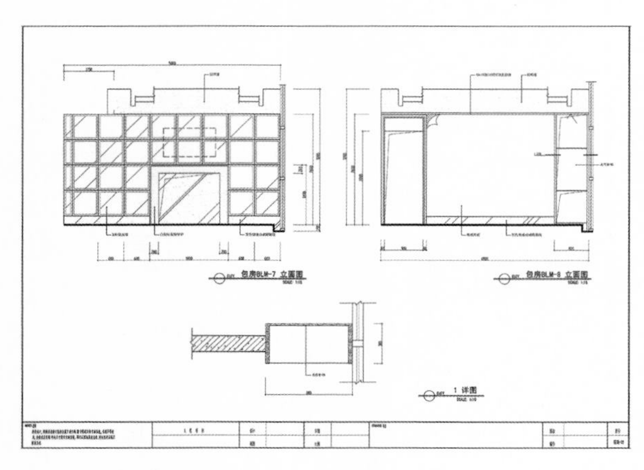

图2-12　立面图

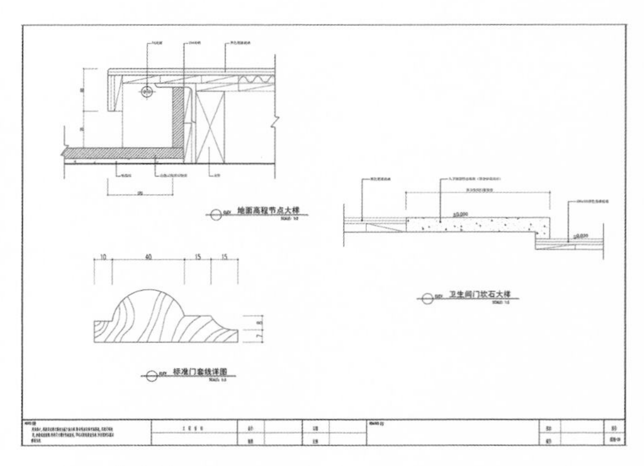

图2-13　节点详图

②设计与施工指导：

a.定期检查施工质量（材料验收、隐蔽工程等），保证设计效果。

b.处理设计变更，完善和补充设计图纸。

c.协调及解决各工种施工发生的矛盾。

d.现场设计技术处理。

（6）设计评估阶段

施工完成后，室内空间环境设计的过程还没有结束，其功能、效果、质量的好坏还需要评估和验收才能确定。其中，竣工验收是室内设计工程项目的一个重要环节，也是检验设计和施工质量的关键步骤。工程完成后，甲方收到施工单位提交的竣工报告，组织人员会同设计方、施工方、监理单位及相关质检部门共同完成工程的验收工作，从设计、施工到设备安装，从工程质量到艺术效果等方面进行全面的评估和验收。

施工工程验收一般包括材料验收、隐蔽工程验收、分项工程验收等，同时，在施工期间若发生了设计变更、工程增减项等，还需要绘制竣工图，以便工程结算及将来维修、管理之用。

除了竣工验收工作，设计方还应继续跟进设计项目，通过空间中人的使用情况及评价来验证评估设计是否达到了预期的目标，通过反馈信息才能了解设计中的不足，进而改进并提高设计水平。

2.2 室内设计的评价

2.2.1 构想的评价

（1）设计构想的内容

在室内设计领域，对于构想的解释应为主意、计划、直觉、想象等观念的总和。“构想”是设计的灵魂。构想包括主题的构想和设计程序中的构想两部分。

①主题构想

在最高经营者（甲方）的决策下，即已决定开发的方向，室内设计师在接受设计任务后，就开始构想列举了，但构想列举中往往会面临一大堆复杂的问题，这些问题，有时杂乱无章，有时漫无头绪，这就需要一个综合分析的过程，即对设计条件的了解、分析、归类、调研以及初步的综合考虑，这个阶段是构思的准备阶段。进一步则是设计情境的价值判断，它包括设计基调的确定，创作倾向的选择以及对问题实质的把握。定调和取向是构思主体对整个设计的宏观把握。

这种把握，在很大程度上决定了设计发展的方向。而问题的实质把握又为设计师的构思打开突破口或提供契机。诚如约翰·波特曼（John Portman）所说：“设计师如果能分析和理解问题的实质，就能找出最适当的解决办法。”正是在这种重新赋值的“判定”中，设计者看到了解决问题的契机，即着手设计及实施。

②设计程序中的构想

在室内设计程序中，市场调研、资讯收集是首要工作，再在资料及情报的收集及整理分析后，从事构想的开发工作。构想的创意来源很多，主要可以采用下列方法。

a.调研报告及刊物：包括一般书籍、杂志、统计资料、研究报告、目录等。

b.灵感：灵感的产生，每每因于事物或现象的启发，这种启发构思灵感的事物或现象，在心理学上称为“原型”。人类生理、心理行为对于不方便、不满意、困扰、危险、情感、利益、未能满足欲望以及生活乐趣、社会活动的需求均会激发灵感。历史上许多成功的作品，其构思都受到过各种事物或现象的启发。例如，贝聿铭设计的香港中银大厦，其灵感来自中国古老格言“青竹节节度”；柯布西埃设计的朗香教堂那怪异的屋顶棚，据说是受纽约长岛岸边海螺的启示。值得重视的是构思在寻求启发时，应尽量扩大可供“类比”的领域，不要只把寻求启发的目光停留在本专业上（图2-14）。

c.先有的观念：已贮藏的观念，受某种刺激可发掘出新的创意构想。

d.集体的想象：在当今高速发展的社会，知识的专门性和分工已越来越细，越来越精。调动相关专业人士，发挥集体的想象能力和研究能力，是创造方法的重要环节。

图2-14　灵感来源于树枝的咖啡厅设计（Kengo Kuma）

e.矩阵之构想（树形结构）：矩阵本是数学上的名词，主要体现组关系及逻辑方式。其实设计程序中的构想也同样需要系统条理的组关系及逻辑方式，它既能刺激构想，又能进一步使构想精炼化、更优化。

f.研讨法：由个人及集体对构想进行讨论而溢出或衍生出其他新构想，达到创意思维的连锁触动功效。

g.逆向构思法：创造性的构思要求思路的灵活，当一个思路行不通时，能够及时调整，改变原来的思考方向，从新的途径开发构思。设计师要敢于打破常规，打破惯例，打破定势。

h.知识经验的灵活迁移：将原型启发所得到的或平常积累的知识和经验应用到构思中，这个过程在心理学上称为“迁移”。知识的经验是创造性构思的基础。但是，简单机械地套用知识和经验却与创造性无缘，关键要在“活用”“扬弃”上下功夫。

i.模仿法：模仿是创造的初阶。创造性的构思很少是凭空产生的，它总是在吸收前人成果的基础之上有所前进。创造学大师奥斯本说：“所有一切创造发明，几乎毫无例外地都是通过重新组合或改进，从以前的创造发明中产生出来的。”后现代设计师们便特别擅长于用“非传统的方法来组合传统构件”，从而创造出与众不同的新形象、新意念。模仿不是简单的照抄，而是一种积极的学习，取其精髓，弃之糟粕。

j.问题开发法：设计师对项目预先设置大量的问题，如项目的功能问题、经济问题、艺术风格取向、技术结构方式、使用者的需求特征、将来发展趋势等问题。问题存在于客观现实中，通过认真、深入地观察、思考才能被发现。分析问题，把问题集中起来进行总结、比较，逐步接近并找出主要问题，以确定设计构思的主攻方向或突破口。通过分析、判断后，得出实际可行的结论，即开发设计目标，以获得最佳的创意方案。

k.网络法：网络法又称为串连法，是指设计师通过表格举出有关的设计元素，根据创意的定位，尽可能地想象元素的发展空间和可能性，然后寻求相互间的组合与串连关系，在里面寻找构想答案的方法。例如要设计一件“坐物”，可以坐的东西并不局限于椅子或凳子。“坐物”的元素，有“环境”“造型”“效率”“安全”“材料”“结构”“色彩”等。而每一元素又有多种可能性出现，“造型”可想象出——弧、曲、软、硬、透、高、低、直等，“材料”可想象出——木、皮、布、石、塑、金等；“结构”可想象出——承、伸、悬、组、折、漂、移等；“色彩”可想象出——红、绿、蓝、灰、黄、紫、白等。设计师可以把各元素填入表格中，在列出的表格中选择所需要的设计组合项目。如可以是弧形的造型，用木材制作，用黄灰的色调及用有脚轮移动的结构等。这种展开的组合方法，为设计师提供了非常大的可能组合空间，其可能获得上千个、上万个以至更多创意，这就为设计师优选方案提供了保障。此种方法用电脑来完成，会更快捷有效。

（2）设计构想的优选

构想列举繁多，会渐渐产生离题及眩晕现象，因此设计时须重新审视主题目标，围绕目标观念进行构想优选。在对构想作选择时，会产生“构想死亡”的问题，即在几十上百种构想中，往往有价值的是一种到三种，亦可能全部被淘汰，这种死亡率很大，需要付出相当大的勇气及代价。死亡率是由市场的需求、其他的经济能力和竞争策略以及技术能力、设计师本身才能来决定的。不过虽大多数构想被摒弃，但它仍具有“剩余价值”，仍可以刺激构想及再创造新构想。

构想经评价而带来高的淘汰率。为避免有所缺漏或者是选择不周，可采取前述构想矩阵中最重要的构想精炼化、合理化方法进行。依据下列三阶段：

①利用构想矩阵结合分散或增加消减，将新构想分类整理。

②新构想的修整与具体化策略，以防过分笼统。

③可行否观念的确定，将幻想与现实条件作比较，充分考虑经济性与技术性的可行因素。

以上三点的评价须依赖于投资价值、基本功能、人文环境、空间条件、科学技术的约束以及业主的要求事项，否则提出的构思便失去意义。

（3）设计构想的评价

新构想经创意、选择和精炼化后要有一个总评，进行总评不应只是设计师的事，应要求各主管部门（经营部、预算部、材料部、施工部等）积极参与。设计师要列举出构想特征，供各部门主管讨论、评比，其评价的项目主要有：

①新构想是否是独创的构想，其竞争亮点在哪里。

②新构想是否符合业主、使用者和有关人员的意念。

③新构想具有多少经济价值和社会价值。

④实施新构想所需的时间、投资和技术装备条件。

⑤是否具备在业主（甲方）处成功的可能性。

⑥新构想是否符合室内设计理念之发展主流。

2.2.2 设计作品的评价

主题构想决定后即着手项目设计的展开工作，这纯粹是设计师的任务，设计师在设计实施时必须再加以评价，换言之，就是评价该项目的品质与优劣。正如著名设计家维杰伊 · 格普泰、P.N.默宽所述，设计质量“这一问题有两个方面：其一，对品质或质量的各个方面必须有一种有效的标准；其二，要把这些独立的标准组合起来，使之具有一种有效的组合标准，在这种有效的组合标准的基础上，才可以对各种不同的设计方案或项目进行全面的比较……”根据现代室内设计的特征，一项设计的实际价值，可从以下几方面来进行评价与衡量。

（1）设计作品的评价指标

① 设计作品的功能性

室内环境功能，也称室内空间的实用性，主要指符合空间使用效能方面的指标，如尺度指标、物理指标等。室内设计以人和人际活动为设计核心，以“安全、卫生、效率、舒适”这一以人为本的理念为基本设计原则，体现在充分满足人们的生理、心理、视觉等需求上。设计展开时应细致入微，设身处地地为人着想，充分考虑人体工程学、环境心理学、审美心理学等方面的要求，最大限度地适用于人。室内设计的功能绝不是单一的，也不是任意组合的，而是合乎科学和非常周密的系统构成，设计师应追求功能的系统与完整性，以及拟定人与环境相谐调的系统功能评价目录（图2-15）。

②设计作品的业主意愿

业主对室内设计的影响是较大的。在构想中，业主的要求或意愿各不相同，这是根据项目性质、投资多少、营销策略而定的。在业主的设计要求中有的偏于功能方面、技术方面，有的则强调艺术性

图2-15 功能完备的酒店套房（HBA）

或精神性。设计时设计师应按自己对设计“要求”的理解，巧妙、深入地展开创作，以充分体现业主的意图。

③设计作品的科学性

现代室内设计是以科学为重要支柱的设计活动，现代科学技术成果不断应用于室内设计，包括新型材料，先进的结构构成，施工工艺以及为创造良好声、光、热环境的设施设备，设计就应该适应这一时代和科学技术发展的步伐，体现出人对现代环境的新需求。

④设计作品的合理性

合理性是指设计项目合乎原理的原则，就环境对人的关系而言，即使用时的合理性、方便性、快捷性、协调性。如人—物关系、环境—人关系等。

⑤设计作品的经济性

这项指标的评价是极其重要的，因为只有当为实现某项设计而付出的代价小于能从该项设计中获得利益时，才算是有价值的设计。若以货币来衡量其设计价值的大小，则是只有当预期的货币收益大于其消费，才是有价值的设计。换言之，从经济性的角度来评价设计，只有那些具有充分把握可实现经济效益和经济条件可承受的设计，才是好的设计。其评价项目有：成本预算、综合费额、收益利润、年销利润、成本回收期。

⑥设计作品的艺术性

指设计师运用设计美学原理，创造具有很强表现力和感染力的室内空间和形象，创造具有视觉愉悦和文化内涵的室内环境。具体包括空间环境的风格取向、形态塑造、色彩处理、材质设置、地域文脉、时代精神等，是否符合设计主题、构想理念和业主投资、营销战略的定位（图2-16）。

⑦设计作品的独创性

所谓独创性的构思，是指富有创见、与众不同、匠心独运的构思。它具有两方面的内涵，即新颖性和独特性。在设计创作中，其实并不要求个个设计从外到内、从整体到细部都有独具匠心的构思。只要有那么一点闪光之处，能让人觉得有新意，这样的构思就算是有创造性的。这点对设计师而言应该是第二生命，一位有魅力的设计师应不断出新，接受自我挑战。正所谓独创是进步的激素和引导，也是设计作品成功的重要环节（图2-17、图2-18）。

⑧设计作品的将来性

现代室内设计应当既满足当代人的需要又不对后代人满足其需要的能力构成危害。设计作品需要体现可持续发展内涵。设计师有胆识及眼光，则作品的价值意识的相对性便会比较长久。人类生活的将来受到多种因素的影响，社会需求、生活行为、时尚流行日新月异，设计师对这些因素和现实必须予以充分重视。

⑨设计作品的安全性

人在室内度过的生活与工作时间加在一起，大约超过人生的2/3。因此，室内环境的安全质量如何，对人们身心健康的影响是至关重要的。由世界卫生组织（WHO）提倡的“健康环境意识”曾明确指出“健康”是在身体上、精神上、社会上完

图2-16　摩登现代的设计风格——芬兰Chico’s 餐厅（Amerikka设计事务所）

图2-17　相对独立的阅读空间的创新设计——挪威Vennesla图书馆（Helen & Hard’s团队）

图2-18　奥迪巴塞罗那展厅

全处于良好的状态。因此，健康空间就是能使居住者“在身体上、精神上、社会上完全处于良好状态的室内空间”，落实在设计工作中，就是追求设计的安全性。避免火灾、坠物、煤气中毒、跌倒、砸伤、触电、公害、污染、刺激、因设计不合理而带来的心理障碍，并注意换气、疏散等。

⑩其他评价指标

主要是指市场、政策、自然条件以及同类设计的可比性方面。

（2）设计作品评价的条件

上述项目的评价会随着下列诸因素的改变而改变。

①环境：经济、事务及地方等。

②对象：设计的主体使用对象。

③目的：立项投资目的。

④人：性别、年龄、人种、文化、地位等。

这些各条件之间相互牵涉，就像四点构成金字塔的顶点，任何一点歪斜，都会影响整体的稳定。

（3）设计作品的评价图表

为使设计评价一目了然，可对上述评价项目的结果，分别用图表反映。根据项目具体特点、规模、属性及需求制作总表与各分项评价表进行评估，以供设计决策或作为设计师自我衡量与检讨的标准。设计评价单项分表的编制，视设计进程和需要可按设计与评价的基本原则，自行策划编制各项分表及相应的项目内容，如功能性、艺术性、经济性、业主意愿等分表（表2-1~表2-6）。

表2-1　设计评价总表

等级 / 项目	优			良			一般			劣		
	A	B	C	A	B	C	A	B	C	A	B	C
新构想												
功能性												
业主意愿												
科学性												
合理性												
经济性												
艺术性												
独创性												
将来性												
安全性												
其　他												

表2-2　设计的功能性评价表

等级 / 项目	优			良			劣		
	A	B	C	A	B	C	A	B	C
实 用									
舒 适									
效 率									
卫生健康									
持续性									
温度及气流									
明 度									
安全、环保									
……									

表2-3　设计的业主意愿评价表

等级 / 项目	优			良			劣		
	A	B	C	A	B	C	A	B	C
投资理念									
营销策略									
资金控制									
空间计划									
功能要求									
艺术要求									
技术要求									
……									

表2-4　设计的经济性评价表

等级 / 项目	优			良			劣		
	A	B	C	A	B	C	A	B	C
空间计划									
预算分配									
节约、合理									
耐用性									
易保养									
材料适宜									
再生性									
系统原理									
……									

表2-5　设计的艺术性评价表

等级 / 项目	优			良			劣		
	A	B	C	A	B	C	A	B	C
风格、特点(个性)									
视觉心理									
时、地条件									
节奏与韵律									
重点与中心									
比例与尺度									
空间意境									
和谐与对比									
材质、肌理									
环境与色彩									
照 明									
……									

表2-6　设计的科学性评价表

项目＼等级	优			良			劣		
	A	B	C	A	B	C	A	B	C
人体工程学原理									
新型材料									
结构造型									
工艺流程									
设施设备									
声　学									
光　学									
水、电									
热、气流									
储藏（物）									
消　防									
……									

以上每项评估表又可细分相关的评估内容，经逐项分析、判断、评估后，可以在一定程度上反映出设计的综合品质和设计创意的取向。评估时有关人员或设计师根据设计阶段或需要用齐各项评估指标，也可选择其中几项做个别评估。分项评估表是总表评估的基础，如果从各分项来检查，都有不错的表现，便说明总评质量优良；如果在各分项中，只有几个表现较好，其他表现平平，亦可反映设计师设计的取向不足，以便设计方略的调整与完善。

2.2.3　设计师的评价

设计教育的目的是造就具有设计创造能力的设计师，设计师身上兼有文明传承与科学应用的双重职责，也就是说，现代设计师不仅需要具有一定的设计技能，同时还应具备创新能力、自我提高与探索的能力、群众智慧与设计管理的能力以及解决专业设计的实践能力。

根据现代环境设计的时代要求，就室内设计而言，设计师所应该具备的专业知识归纳起来有如下几方面：

①设计师是否具有建筑单体设计和环境总体设计的基本知识，特别是对建筑单体功能分析、平面布局、空间组织、形态塑造的必要知识，以及对总体环境艺术和建筑艺术的理解和素养。

②设计师是否具备系统科学的室内设计方法及项目操控的能力。

③设计师是否具备建筑及室内装饰材料、装饰结构与构造、施工技术方面的知识。

④设计师是否具备室内声、光、热、风、水、电等物理和设备的知识。

⑤设计师是否了解或熟悉相关学科知识，如环境心理学、设计心理学、系统工程学、人体工程学、生态学等，以及现代信息技术的知识。

⑥设计师是否具备较好的艺术素养和设计表达能力，对历史传统、人文民俗、乡土风情有所了解或熟悉。

⑦设计师是否具备有关建筑和室内设计的规章和法规的知识，如防火、安全、残障、标准、招投标法、工程管理与合同标准等。

⑧设计师是否具有将知识应用于设计实践的能力，如发现问题、分析问题、解决问题的综合能力。

⑨设计师是否具备较强的组织能力和与客户沟通的表达能力。

发达国家的经验证明，从专业要求、社会期望、市场发展到室内设计教学体系以及学校与专业设计之间的沟通，都亟须有一个有效的管理和评价体系来不断提高我国的设计整体水准。但也应清楚地认识到，设计的鉴定与评价方法是动态的，随着室内设计行业的不断发展和知识技术手段的更新，也将随之变化与调整。

通过本节的教学，系统地揭示了室内设计的构想、作品及设计师的评价方法和基本规律，懂得衡量一个设计好在哪里、错在哪里的理论依据，进而学会如何去寻求和把握一个好的创意、好的设计和好的设计品质的途径。

| 知识重点 |

1. 策划的概念及特征。
2. 室内设计与策划的关系。
3. 室内设计流程分为哪几个阶段?
4. 设计准备阶段包括哪些内容?
5. 方案设计及设计深化阶段包括哪些内容?
6. 施工图的作用有哪些?
7. 施工图纸包括哪些内容?
8. 施工监理阶段。
9. 室内设计的构想评价包括哪些内容?
10. 设计程序中的构想创意来源有哪些?
11. 设计构想的评价。
12. 设计作品的评价指标。
13. 室内设计作品评价的条件有哪些?
14. 室内设计专业设计师应具备的能力。

| 作业安排 |

1. 通过设计案例分析策划在室内设计中的应用。
2. 结合本章的理论知识，收集优秀案例，并通过一个设计案例分析室内设计的流程。
3. 深入剖析一件优秀案例，对设计构想及设计作品加以评价。

3 室内主要空间类型设计

3.1 住宅室内设计

3.1.1 住宅室内设计的基本概念及因素

（1）住宅室内设计的基本概念

“住宅”是一种以家庭为对象的人为生活环境。从狭义的角度看，它是家庭的标志；从广义的立场看，它是社会文明的体现。住宅室内环境的优劣与人们的生活息息相关，实用、舒适、健康的住宅室内环境能满足人们生理和心理的需求，进而提高人们的生活品质。今天，随着社会的发展与进步，人们对生活水平、生活质量有了更新、更高的需求，如何创造一个人性化、实用化、功能化、风格化的居住空间环境已成为设计师共同奋斗的目标和重要课题。

（2）住宅室内设计的因素

住宅是因家庭需要而存在，每一个家庭又有不同的个性特征而使住宅形成了不同的风格。家庭因素是决定住宅室内环境价值取向的根本条件，其中尤以家庭形态（人数构成、成员间关系、年龄、性别等）、家庭性格（爱好、职业特点、文化水平、个性特征、生活习惯、地域、民族、宗教信仰等）、家庭活动（群体、私人、家务等）、家庭经济状况（收入水平、消费分配等）等方面的关系最为重要。住宅设计的因素是设计的主要依据和基本条件，也是住宅室内设计的创意取向和价值定位的首要构成要素，合理而协调地处理好这些因素的关系是设计成功的基础（图3-1）。

图3-1　设计风格注重人文气息，表达屋主朴实低调、谦和有礼的特质（孙立和建筑师事务所）

3.1.2 住宅室内设计的原则

（1）功能布局

人的生活是丰富而复杂的，创造理想的生活环境，首先应树立“以人为本”的思想，从环境与人的行为关系研究入手，全方位地深入了解和分析人的居住和行为需求。住宅的功能正是基于人的行为活动特征而展开的。

功能布局包括了各功能区域之间的关系、室内空间的区域划分、各平面功能所需家具及设施、面积分配等内容。住宅室内环境，在建筑设计时只提供了最基本的空间条件，如面积大小、平面关系、设备管井、厨房浴厕等位置，这并不能制约室内空间的整体再创造，更深、更广的功能空间内涵还需设计师去分析、探讨（图3-2、图3-3）。

住宅室内环境所涉及的功能布局有基本功能与区域划分两方面的内容。

①基本功能

指睡眠、休息、饮食、盥洗、家庭团聚、会客、视听、娱乐以及学习、工作等。这些功能因素又形成环境的静—闹、群体—私密、外向—内敛等不同特点的分区。

a.群体生活区（闹）及功能主要体现为：

起居室——谈聚、音乐、电视、娱乐、会客等。

餐室——用餐、交流等。

休闲室——游戏、健身、琴棋、电视等。

b.私密生活区（静）及功能主要有：

卧室（分主卧室、次卧室、客房）——睡眠、盥洗、梳妆、阅读、视听、嗜好等。

儿女室——睡眠、书写、嗜好等

书房（工作间）——阅读、书写、嗜好等

c.家务活动区及其功能主要有：

厨房——配膳清洗、存物、烹调等。

储藏间——存物、洗衣等。

②区域划分

区域划分是指室内空间的组成，它以家庭活动需要为划分依据，如群体生活区域、私密生活区域、家务活动区域。其中群体生活区域具有开敞、弹性、动态以及与户外连接伸展的特征；私密生活

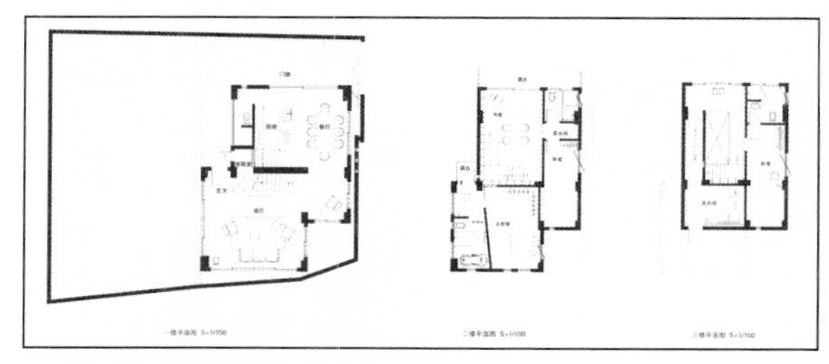
图3-2 平面功能布局

图3-3 简洁纯粹的居住空间（毛森江）

图3-4 自由流畅的交通组织

区域具有宁静、安全、稳定的特征；家务活动区域则具有安全、私密、流畅、稳定的特征。显然，区域划分是将家庭活动需要与功能使用特征有机地结合，以求取合理的空间划分与组织。例如，卧室、书房要求静，可设置在靠里边一些的位置以不被其他室内活动干扰；起居室、客厅是对外接待、交流的场所，可设置在靠近入口的位置；卧室、书房与起居室、客厅相连处又可设置一过渡空间或共享空间，起间隔调节作用。此外，厨房应紧靠餐厅，卧室与浴厕贴近等。

（2）交通流线

交通流线是指室内各活动区域以及沟通室外环境之间的联系，它能使家庭活动得以自由流畅地进行。交通流线包括有形和无形两种。有形的指门厅、走廊、楼梯、户外的道路等。无形的指其他可能供作交通联系的空间。计划时应尽量减少有形的交通区域，增加无形的交通区域，以达到空间充分利用且自由、灵活和缩短距离的效果（图3-4、图3-5）。

（3）空间塑造

①造型

空间的造型语言要与设计风格相统一、协调。在塑造手法上可以采用隔、围、架、透、上升、下降、凹进、凸出等手法，辅之色、材质、光照、家具、陈设等综合的组织与处理，以达到空间的整体统一（图3-6、图3-7）。

②色彩与光照

色彩是人们在室内环境中最为敏感的视觉感受。大千世界无处不呈现着色彩，人生活在色彩的环境中，色彩作用于人，影响着人的精神和心理。温柔的色调给人舒适、亲切之感，过冷的色调易使人忧郁和沉闷，热烈的色调又会使人兴奋和烦躁。因此住宅室内的色调应以浅淡基调为宜，以创造宁静、和谐的空间感觉。

此外，居室面积宽窄与色调设计也有密切关系。如小面积居室色调不宜偏深，狭窄、低矮的空间易选择浅的明快色调等。室内陈设品的色调，也是室内色调的重要组成部分，如家具、窗帘、壁饰、灯具等，应该与居室主流色调相呼应统一。

空间的光照与色调不可分割，空间中的色调需要光照来诠释与充实。居室的朝向不同，室内色调应有所选择。门窗南向者常常有充足的阳光，色调易成为暖色，墙面、天棚宜用偏冷的色调；门窗北向则相反，色调可以偏暖一些（图3-8）。

③材质

界面材料由于自身形态、质地、色彩、肌理的不同，会对人的心理产生完全不同的影响，材料的选择应尊重室内设计的整体风格。不仅要考虑材料的肌理、图案的搭配层次是否能融入空间氛围中，还应考虑材料与色调、光线的关系，如不同树种的

图3-5　质朴舒适的居住空间（许宏彰）

图3-6　空间造型隔断（王俊宏）

图3-7　灵活可变的空间造型

图3-8　明快和谐的空间色调（Victoria kirk interiors）

图3-9　家具与空间（Piet Boon/Karin Meyn）

图3-10　拥有良好景观的餐厅（前田圭介）

木质有着不同的色相、明暗和纹理，不同的玻璃、金属会带给人不同的色光和纹理，在不同的光线影响下，同一材料也可能呈现不同的变化。设计师应对材料特性有深入的了解并能根据空间特点熟练地运用材料。

④家具

在住宅室内环境中，选用合适的与环境风格协调的家具，常起到举足轻重的作用。家具的造型款式、色彩和选材应反映设计师的总体设计思想和设计追求。例如简洁朴实的环境风格，可选用自然材质，辅以现代材料构件成型的家具；中式传统的环境风格，可用红木、榉木类家具或色彩偏棕红、工艺精致、纹样明快的家具。家具不仅起到实用美观的功能，同时也起到了界定和围合空间的功能（图3-9）。

⑤景观

居室环境也是人与景物对话的场所，设计时要善于借景。我国的居室、庭园布置历来十分讲究借景、造景的手法。人们安坐斗室，透过门窗，心境可与外界或其他空间景物相通，产生引人想象的魅力，也使室内更显开阔、通透、层次感强（图3-10、图3-11）。

总之，住宅室内设计要做到功能与形式、整体与细部的统一。要求设计师在设计构思立意时，就需根据业主的职业特点、文化层次、个人爱好、家庭人员构成、经济条件等内容做综合的设计定位，形成合理的功能、造型的明晰条理、色彩的统一基调、光照的韵律层次、材质的和谐组织、空间的虚实比例以及家具的风格式样统一，以求设计取得赏心悦目的效果（图3-12）。

3.1.3 住宅室内设计的要点

现代住宅内部功能发展包含了人的全部生活场所，其功能空间的组成因条件和家庭追求而各具特点，但组成不外乎包括：玄关（门厅）、起居室（家庭用）、客厅（待客专用）、餐厅、厨房（兼早餐）、卧室（夫妻、老人、子女、客用）、卫生间（双卫、三卫、四卫）、书房（工作间）、储藏室、工人房、洗衣房、阳台（平台）、车库、设备间等。

从发展现状看，住宅建筑空间组织越来越灵活自由，建筑一般提供的空间构架除厨房、厕浴（卫生间）固定外，其他多为大开间构架式的布局，从而为不同的住户和设计师提供了根据家庭所需及设计追求自行分隔、多样组织、个性展现的空间条件。

（1）群体生活区

①门厅（玄关）

门厅为住宅主入口直接通向室内的过渡性空间，它的主要功能是家人进出和迎送宾客，也是整套住宅的屏障。门厅面积一般在2～4 m^2，它面积虽小，却关系到家庭生活的舒适度、品位和使用效率。这一空间内通常需设置鞋柜、挂衣架或衣橱、

图3-11 开阔、通透的卧室空间（Emily anderson,Ian Mueller）

图3-12 整体统一的居住空间（ghislaine vinas interior design）

图3-13　玄关空间（大言室内设计）

图3-14　简洁、明快的起居室

图3-15　豪华大气的起居室（梁志天）

储物柜等，面积允许时也可放置一些陈设的绿化物。在形式处理上，应以简洁生动与住宅室内整体风格相协调为原则（图3-13）。

②起居室

起居室是家庭群体生活的主要活动场所，是家人视听、团聚、会客、娱乐、休闲的中心，在中国传统建筑空间中称为“堂”。一般在面积条件有限的情况下，起居室与客厅常是一个功能空间的概念。

a.布局：起居室是居室环境使用活动最集中、使用频率最高的核心住宅空间，也是家庭主人身份、修养、实力的象征。所以在布局设计上宜考虑设置在住宅的中央或相对独立的开放区域，常与门厅餐厅相连，而且应选择日照最为充实，最能联系户外自然景物的空间位置，以营造伸展、舒坦的心理感觉。

b.功能：起居室应具有充分的自然生活要素和完善的人为生活设施，使各种活动皆能在良好的环境条件下获得舒适方便的享受。它包括：合理的照明、良好的隔音、灵活的温控、充分的贮藏和实用的家具等设备。更为重要的是起居室的设备应具备发挥最佳功效的空间位置，形成流畅协调的连接关系。

c.视觉形象：起居室的视觉形象决策必须充分考虑家庭性格和目标追求，以采取相适应的风格和表现方式，达到所谓的“家庭展览橱窗”的效果。起居室的装饰要素包括家具、地面、天棚、墙面、灯饰、门窗、隔断、陈设、植物等。设计时应掌握空间风格的一致性和住宅室内环境的构思一致性。总之，起居室达到舒适便利、优雅悦目、个性张扬是每个家庭共同的目标追求（图3-14、图3-15）。

③餐厅

餐厅是家庭日常进餐和宴请宾客的重要活动空间。餐厅可分为独立餐厅、与客厅相连餐厅、厨房兼餐厅几种形式。在住宅整体风格的前提下，家庭用餐空间宜营造亲切、淡雅、温馨的环境氛围，采用暖色调、明度较高的色彩，具有空间区域限定效果的灯光，柔和自然的材质，以烘托餐厅的特性。另外，除餐桌椅等必备家具外，还可设置酒具、餐具橱柜，墙面也可布置一些影照小品，以促进用餐的食欲（图3-16、图3-17）。

④休闲室

休闲室也称家人室，意指非正式的活动场所，是一种兼顾儿童与成人的兴趣需要，将游戏、休闲、兴趣等活动相结合的生活空间，如健身、棋牌、乒乓、编织、手工艺等项目。其使用性质是对内的、非正式的、儿童与成人并重的空间。休闲室的设计应突出家庭主人的兴趣爱好，无论是家具配置、贮藏安排、装饰处理都需体现个性、趣味、亲切、松弛、自由、安全、实用的原则（图3-18）。

⑤其他生活空间

住宅除室内空间外，常常根据不同条件还设置有阳台、庭院、游廊等家庭户外活动场所。阳台亦称露台，在形式上是一种架空的庭院，以作为起居室或卧室等空间的户外延伸，在设施上可设置坐卧家具，起到户外起居或阳光沐浴的作用。庭院为主要户外生活场所，以绿化、花园为基础配置，提供休闲、游戏等家具和设施，如茶几、坐椅、摇椅、滑梯和戏水池等。游廊是一种半露天形态的活动空间，建筑构造有悬伸和特别设置的平顶式。游廊的设施视家庭的功能所需，可以设置健身、花园、游戏、起居、茶饮等功用环境，其设计特点是创造一种享受阳光、新鲜空气和自然景色的环境氛围（图3-19、图3-20）。

（2）私密生活区

①卧室

卧室是住宅中最具私密性和安宁性的空间，其基本功能有睡眠、休闲、梳妆、盥洗、贮藏和视听等，其基本设施配备有双人床、床头柜、衣橱或专用储藏间、盥洗间、休息椅、电视柜、梳妆台等家具。卧室以床和床头柜为主要家具，以此结合家庭特征展开卧室环境的构想与设计。一般说来，卧室的色彩处理应淡雅，色彩的明度稍低于起居室，灯光配置应有整体照明和功能局部照明，但光源倾向于柔和的间接形式，各界面的材质和造型应自然、亲切、简洁，同时，卧室的软装饰品（窗帘、床罩、靠垫、工艺地毯等）的色、材、质、形应统一

图3-16　充满异域氛围的餐厅

图3-17　现代简约的餐厅设计（张清平）

图3-18　台球休闲空间（Tim Street/Porter）

图3-19 置身于自然中的庭院空间

图3-21 将壁饰图案运用于卧室空间

图3-20 充满生活气息的露台

图3-22 现代感极强的卧室空间（Hagy Belzberg,Meg Joannides）

图3-23 书房（梁志天）

协调。空间中还可适当配置一些具有生活情趣的陈设品，以营造恬静、温馨的感受，制造出居住者身心共同需要的环境氛围（图3-21、图3-22）。

②书房

住宅中的书房是一个学习与工作的环境，一般附设在卧室的一角，也有紧连卧室独立设置的。书房的家具有写字台、电脑桌、书橱柜等，也可根据职业特征和个人爱好设置具特殊用途的器物，如设计师的绘图台、画家的画架等。其空间环境的营造宜体现文化感、修养感和宁静感，形式表现上讲究简洁、质朴、自然、和谐的风尚（图3-23、图3-24）。

③子女房

子女房是家庭子女成长发展的私密空间，原则上必须依照子女的年龄、性别、性格和特征给予相应的规划和设计。按儿童成长的规律，子女房应分为婴儿期、幼儿期、儿童期、青少年期和青年期五个阶段。

a.婴儿期指满一周岁前的一段时期，属育婴室的设置。其室内设计应以卫生安全为基本原则，辅以优美活泼的形、色、空间形式。主要家具有婴儿床、护理床、食品器物柜、玩具柜、衣物柜等。

b.幼儿期指一至六岁之间的时期，也称“学龄前时期”。原则上，幼儿室宜设置在住宅中最安全且便于照顾的位置，通常邻接父母用的主卧室。充分的阳光、新鲜的空气、适宜的室温是幼儿室不可缺少的环境要素。同时，除给予较为宽敞而安静的空间外，可另设一个活动区域，以供儿童进行各种富于幻想性或创造性的游戏活动。总之，幼儿室必须根据性别和年龄特征的特殊需要，采取富于想象力的设计形式，并能依照年龄的增加与兴趣的转移而灵活调节变化。

c.儿童期指学龄开始至十二岁的阶段。原则上，儿童室设计应强调学习活动的氛围，以激励儿童健康发展为目标。多采取活泼和暗示的形式，以诱导学习兴趣和启发创造能力，以能逐渐获得生活的知识与能力。布局上，可分学习区和睡眠区，女孩应配置梳妆台。空间造型和色彩处理应注重性别特征并逐渐趋向成熟感。

d.青少年时期指十三岁至十八岁的一段时期。这个阶段，由于身心发展快速但尚未真正成熟，一方面显示出纯真、活泼、热情、勇敢而富于理想的优点，另一方面却暴露出浮躁、不安、鲁莽、偏激的缺点。因此，青少年室的设计应兼顾学习与休闲的双重需要，使其在合理的环境条件下，发掘正确的志趣，培养良好的习惯，发展优雅的爱好，陶冶高尚的情操，以求身心平衡发展。可鼓励子女直接参与其自身环境的创造与布置。同时，青少年时期子女的生活观念和方式已逐渐建立，私生活空间的配置最好采取自由方式，使两代人生活在适度的距离上以增进和谐的关系。

e.青年期指满法定年龄以后的时期。在这个阶段，无论是求学还是已就业的青年，身心皆已成熟。原则上，青年室宜充分显示学业或职业上的特色，以其性格因素来表现个性化的形式。

总而言之，子女室的设计应以培养下一代的成长发展为最高目的。一方面为下一代安排舒适优美的生活场所，使他们能在其中体会亲情、享受童年，进而培养生活的信心和修养；另一方面，为下

图3-24　书房（珍妮·麦克卡伦）

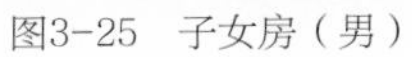

图3-25　子女房（男）

图3-26　子女房（女）

一代规划完善有益的成长环境，使他们能在其中增长智慧和学习技能（图3-25、图3-26）。

④厨房

厨房是专门处理家务膳食的工作场所，它在住宅的家庭生活中占有很重要的位置。其基本功能有储物、洗切、烹饪、备餐以及用餐后的洗涤整理等。从功能布局上可分为：储物区、清洗区、配膳区和烹调区四部分。根据空间大小、结构，其组织形式有U型、L型、F型、廊型等布局方式。基本设施有：洗涤盒、操作平台、灶具、微波炉、排油烟机、电冰箱、储物柜、热水器，有些可带有餐桌、餐椅等。设计上应突出空间的洁净明亮、使用方便、通风良好、光照充足、符合人体工程学的要求且功能流线合理。视觉上要给人以简洁明快、整齐有序、与住宅整体风格相协调的宜人效果（图3-27、图3-28）。

⑤卫生间

原则上，卫生间应为卧室的一个配套空间，理想的住宅应为每一室设计一间卫生间，事实上，目前多数住宅无法达到这个标准。在住宅中如有两间卫生间时，应将其中一间供作主人卧室专用，另外一间供作公共使用。如只有一间时，则应设置在睡眠区域的中心地点，以方便卧室使用。

卫生间的基本设备有洗脸盆、浴盆（房）、

图3-27　极具现代意味的厨房（David Hertz，Syndesis）

图3-28　小空间的厨房设计

净身器和抽水马桶。其设备配置应以空间尺度和条件及活动需要为依据。由于所有基本设备皆与水有关，给水与排水系统（特别是抽水马桶的污水管道）必须符合国家质检标准，地面排水斜度与干湿区的划分应妥善处理。

卫生间应有通风、采光和取暖设施。在通风方面，采用窗户可取得自然通风，以抽风机可取得排气的效果。采光设计上应设置普遍照明和局部照明形式，尤其是洗脸与梳妆区宜以散光灯箱或发光平顶以取得无影的局部照明效果。此外，浴室在寒冷的冬季时还应设置电热器或电热灯等取暖设备。卫生间除了基本设施外，须配置梳妆台、浴巾与清洁器材储藏柜和衣物贮藏柜。此外，必须注意所有材料的防潮性能和表现形式的美感效果，使浴室成为优美而实用的生活空间（图3-29、图3-30）。

3.1.4 老年人住宅室内设计

近年来老龄化问题已为世界各国普遍关注。人类的寿命越来越长，老年人的比例越来越大，已占全世界人口的13%以上，到2020年将增加到20%左右。因此，树立正确对待生命的衰老与为老年人创造适合的生活环境的意识，已成为社会进步与科技发展水平的重要标志。设计师研究老年人的居住环境问题势在必行，也是当今室内设计领域学术研究的方向和新的课题。

著名心理学家马斯洛的“自我实现理论”中的基本观点是，驱使人类各种行为的动力是若干始终不变的需要，这些需要分五个层次，其顺序为：生理、安全、爱（归属感）、尊重、自我实现。五个层次的需求构成人类由低至高自我实现的完整过程。将马斯洛理论运用于居住环境的分析，即可较明晰地梳理出老年人对居住环境要求的不同层次和需求。

（1）老年人的基本需求

①生理需要

就居住环境而言，包括拥有基本居住面积、采光通风、出行方便（无障碍）、医疗服务方便等，即“老有所养，老有所医”。

②安全需要

拥有独立卧室、不被打扰的需求，包括安全防卫等（图3-31）。

③归属和爱的需要

对老年人来说首先是保持与子女的密切关系，其次是对邻里交往，社区凝聚力的需求。即“老有所依，老有所乐”。

④尊重的需要

自食其力，自我照顾，不希望被视为包袱，被社会抛弃。

⑤自我实现的需要

发挥余热、为社会贡献的成就感和追求个人兴趣、发展个人爱好的需求，即“老有能学，老有所为”。

（2）设计基本原则

①弥补性

即创造一种能“刺激”和激励老年人的感觉，又有益于保持健康心理状态的环境。在老年人的生活环境中，如果没有较强的感觉“刺激”，他们就会漠视周围的环境，而导致机体功能衰退。老年人对光线、色彩、声音、气味以及触觉的感知，都比

图3-29 卫生间设计（Thomas Carson）

图3-30 下沉式浴室，与房间地面有50 cm高差，下凹的部分也可当作大浴缸使用

图3-31 充分考虑老年人安全的通道设计

年轻时有较大减退，因此，在老年人居住环境中，应改善室内的采光和照明，光线的照射量和强度都要增加。较好的光线可把一个幽暗而单调的房间，改变成一个明亮而具有吸引力的房间，使老年人心情愉快舒畅。墙面多用明亮醒目的色彩，或使用彩色有图案的壁纸，增加视觉的感应强度和变化，就能对视力减退进行弥补。利用色彩和图案打破单调呆板的空间气氛，可激发老年人的情趣。

②可移动性

老年人特别是高龄和行动有困难的老人，存在移动障碍，因此老年居住环境应为老人提供最大的可移动性，如：老年人居住的楼层最好在一、二层，楼层较高的要有电梯，住宅各房间应安排在一个水平面上，用缓坡道来代替台阶，老年住宅房间的门洞要加宽，便于轮椅通过，住宅内应设储藏室和壁柜，除必需的家具外，尽量减少不必要的突出物，以便于清扫和移动时的通畅。楼梯和墙的转角处应有明显的标志，以便老年人注意移动的速度和方向的改变，有患痴呆症的老年人则更要注意此点。

③私密性

老年人的生活空间应有他自己的支配权。老年人有其固有的长期形成的生活习惯、喜好和隐私，这些应得到充分尊重。在同住型老年住宅中，老人的生活空间应避免家人穿行和干扰。普通型老年公寓，老人的居室不可过小，也不可同住，以免老人因个人的习惯爱好而引起摩擦。老人的居住单元室内应按老人的意愿布置，可使用自己原有的家具，使老人有家的亲切感和归宿感。即使在护理型老年公寓，为护理方便，老人不得不合住，亦应设置轨道窗帘或活动隔板，以防止自己的身体暴露，保持老年人的尊严。

④社交性

医疗研究结果表明，寂寞孤独的生活对老年人的健康非常有害，社会交往对老年人非常重要。老人和子女在价值观、生活方式、兴趣等方面有所不同，而和朋友却有着共同的经历、兴趣和见解。邻居和朋友的友谊可能比家庭内部的来往更重要，正所谓“远亲不如近邻”。因此，在老年居住环境中要为他们的交往创造条件，如老年住宅采用局部加宽外廊、走道，住宅楼围合成四合院、三合院的平面布局，在楼梯间加大面积，扩大门厅等方法，创造老年人在一起休息、聊谈的交往空间（图3-32）。

⑤舒适性

主要是让老年人感到精神上宁静，身体上舒适。如老年人对温度变化敏感，抵抗力脆弱，住宅居室环境就应保持相对恒温的状态，以使生理平衡。护理型的老年人公寓中，几位老人合住一室，若都是卧床的老人，在室内应安装排风扇等除臭设备，保证空气的质量，以利老人的健康。噪声会加剧老人的失眠，甚至会引起心血管等疾病，因此，老年公寓要特别注意减少噪声。另外，人体工程学原理的环境设计应用，也是保证使用舒适的因素之一，不可忽略（图3-33）。

⑥绿化与陈设

居住在城市里的老年人，尤其是在高层住宅里

图3-32　老年人的交往空间

图3-33　老年人的卧室设计

居住的老年人，更加珍惜阳光和绿地。绿化环境与人体健康有着密切的关系。老年人在良好的绿化环境中，既可种植花草，又可调养身体；既可增添乐趣，还可装点居室，美化环境，对老年人的身心健康极为有益。

老年人居室的陈设，应以宁静气氛为主，一般室内有床、柜、桌、椅等家具。老年人卧具是室内陈设的重点，应放在适当的位置，既要受到阳光照射，又不要紧靠门窗，以免夜间睡熟着凉。床以木板床为好或根据老年人自己的习惯添置。床上的铺垫应保持松软柔和。床的高度以坐在床边侧身可上床为好。床下不要储存杂物，应通风防潮，居室房门要隔音，卧室与厕所距离近些，以给老年人提供方便的生活环境。居室墙面、家具、窗帘，以及床单、床罩和艺术陈设品，应明快协调统一。老年人用的厕所与浴室，应该注意与年轻人的区别。厕所便器应考虑为老年人特设扶手等，并以坐桶式为宜。浴盆或淋浴间最好不要有上下台阶，使老年人出入方便安全（图3-34）。

总之，从居住环境的方方面面去体现、探索、实践对老年人的关怀是设计师共同的责任和义务。

住宅的室内设计与人们生活条件的改善及发展密切相关，经济的增长，新材料、新设备、新观念的涌现，必然带来设计的新局面、新追求。设计师必须时时把握时代的前进脉搏，与时俱进，敏锐思索，这是设计成功的关键。

3.2 商场室内设计

3.2.1 商场室内设计的基本概念及分类

（1）商场室内设计的基本概念

商场是商业活动的主要聚集场所，它从一个侧面反映了一个国家、一个城市的物质经济状况和生活风貌。一方面，购物形态更加多样，如商业街、百货店、大型商场、专卖店、超级市场等，另一方面，购物内涵更加丰富，不仅仅局限于单一的服务和展示，而是表现出休闲性、文化性、人性化和娱乐性的综合消费趋势，如体现出购物、餐饮、影剧、画廊、酒吧等功能设施的结合。这就形成新的消费行为和心理需求，它反馈于室内环境的塑造，

图3-34　充分考虑对年老者及体能障碍者关怀的卫浴设计

图3-35　伦敦Burberry 服饰店设计（Christopher Bailey，chief creative officer of Burberry，and an in-house team）

图3-36　用梦幻光线设计出了电影场景感——米兰Excelsior百货商店（Jean Nouvel）

就是为顾客创造与时代特征相统一，符合顾客心理行为，充分体现舒适感、安全感和品味感，使之成为人们真正意义上的重要消费场所（图3-35）。

（2）商场室内设计的分类

①专业商店

又称专卖店，经营单一的品牌商品，注重品种的多规格、多尺码。

②百货商店

经营种类繁多商品的商业场所，使顾客各得所需（图3-36）。

③购物中心

出现于西方国家，其特点是满足消费者多元化的需要，设有大型百货店、专卖店、画廊、银行、饭店、娱乐场、停车场、绿化广场等信息中心。

④超级市场

是一种开架售货、直接挑选、高效率售货的综合商品销售环境。

表4-1　购物心理过程

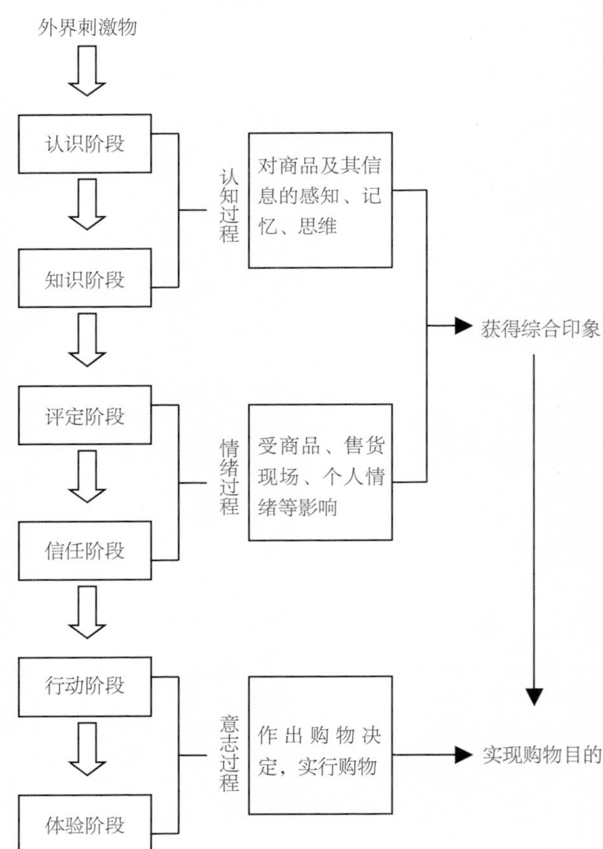

3.2.2 商场室内设计的因素

（1）购物行为

购物行为，指顾客为满足自己生活需要而进行的全过程的购买活动。人的购买心理活动，可分为六个阶段与三个过程：即，认识阶段、知识阶段、评定阶段、信任阶段、行动阶段、体验阶段；认知过程、情绪过程、意志过程。它们相互依存，互为关联（表4-1）。

①认知过程（认识阶段—知识阶段）

这一过程是消费者购买行为的基础。人们认识商品的过程，往往是先有笼统的印象，再进行精细的分析，然后运用已有的知识、经验，综合地去加以联系和理解，通过人的感知、记忆和思维去完成。

在这一过程，人的购物行为，常常离不开商品和环境的诱导。新颖、鲜明的商业广告，精美生动的橱窗展示，华丽考究的室内装潢和耐心热情的服务态度，都会使得前来光顾的消费者对商店和商品留下很深的印象。

②情绪过程（评定阶段—信任阶段）

在这一过程中，情绪心理的产生和变化主要反映在购买现场。从消费者购买商品的过程分析，情绪活动来自商品环境的直接影响。当顾客步入一个装修典雅、温湿度适宜的商店时，情绪会随环境改变而变得舒畅、愉快。环境的积极诱导最容易激起顾客的兴奋和认同，从而产生消费冲动。购买活动中，消费者情绪的产生和变化主要受商品、售货现场、个人情绪及社会环境因素的影响。

③意志过程（行动阶段—体验阶段）

在这一过程中，消费者将作出购物决定，实行购物。消费是人的生理需要和心理需要双重因素共同作用的结果，生理需要属于人的基本需要。当此需要得到满足之后，则开始转向更高层次的心理需要。就目前市场情况而言，消费者不但想得到所需的商品，而且更希望挑选自己满意的商品，还要求购物过程的舒适感，去自己喜欢的商店里购物。了解和认识消费者的购买心理全过程特征是商场环境设计的基础。商场除了商品本身的诱导外，销售环境的视觉诱导尤为重要。从商业广告、橱窗展示、商品陈列到空间的整体构思、风格塑造等无不关系到激发顾客购买的欲望（图3-37、图3-38）。

（2）商场功能

①展示性

指商品的分类及有序的陈列和促销表演等商业基本活动。

②服务性

指购物、洽谈、维修、美容、示范等行为。

③休闲性

指附属设施的提供，设置餐饮、娱乐、健身、

图3-37 充满家庭气息的家具展示空间

图3-38 现代感极强的ARMANI旗舰店（Massimiliano Fuksas）

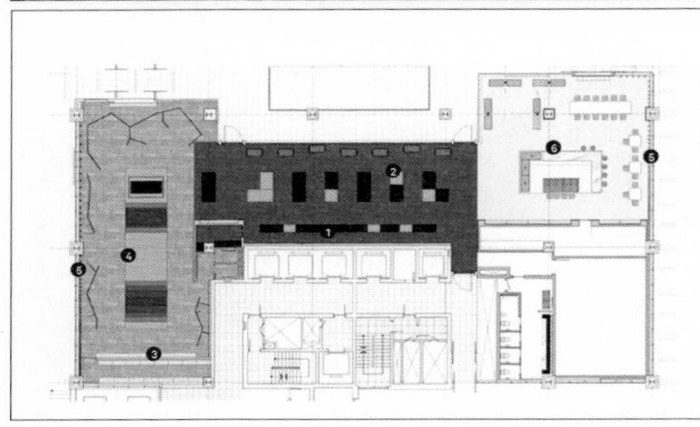

图3-39　非常生活化的韩国"My Boon"零售精品馆

酒吧等场所。

④文化性

指大众传播信息的媒介和文化场所。

随着社会的进步，经济的发展，人们的消费观念还会发生变化，商场的功能也会随之充实和丰富，其动态的特征将是商场发展的趋势（图3-39）。

图3-40　高雅、奢华的Tiffany橱窗设计

3.2.3　商场室内设计的原则

商业性空间，经营者和消费者的心情是对称的，其主题就是在"欲"意上。能创造吸引顾客的商场整体营销氛围是商业空间环境设计的基本原则。以此展开确立以下具体的设计原则：

①商品的展示和陈列应根据种类分布的合理性、规律性、方便性、营销策略进行总体布局设计，以有利于商品的促销行为，创造为顾客所接受的舒适、愉悦的购物环境。

②根据商场（店、中心）的经营性质、理念，商品的属性、档次和地域特征，以及顾客群的特点，确定室内设计的风格和价值取向。

③具有诱人的入口、空间动线（导线）和吸引人的橱窗、招牌，是整体统一的视觉传递系统之手段。具备准确诠释商品，营造出商场环境氛围且个性鲜明的照明和形、材、色形式，能激发购物欲望和潜意识（图3-40）。

④购物空间，不能让人有拘束感，不要有干预性，要制造出购物者有充分自由挑选商品的空间气

图3-41　个性化的Converse旧金山旗舰店设计（Michelle M.Havich，Managing Editor）

氛。在空间处理上要做到“敞”、“畅”，让人看得到、走得到、摸得到。

⑤设施、设备完善，符合人体工程学原理，防火分区明确，安全通道及出入口通畅，消防标识规范，有为残疾人设置的无障碍设施和环境。

⑥创新意识突出，能展现整体设计中的个性化特点（图3-41）。

3.2.4　商场室内设计的要点

（1）引导与组织

空间的组织是以顾客购买的行为规律和程序为基础展开的，即：吸引—进店—浏览—购物（或休闲、餐饮）—浏览—出店。

①动线设置与视觉引导

顾客购物的逻辑过程直接影响空间的整个动线（流线）构成关系，而动线的设计又直接反馈于顾客的购物行为和消费关系。为了更好地规范顾客的购物行为和消费关系，从动线的进程、停留、曲直、转折、主次等设置视觉引导的功能与形象符号，以此限定空间的展示和营销关系，也是促成商场基本功能得以实现的基础。

空间中的流线组织和视觉引导是通过柜架陈列、橱窗、展示台的划分，天、地、墙等界面的形、材、色处理与配置，以及绿化、照明、标志等要素所构成，通过这些要素构成的多样手法来诱导顾客的视线，使之自然注视商品及展示信息，收拢其视线，激发出他们的购物意愿。

②功能分区

商品的分类与分区是空间设计的基础，合理化的布局与搭配可以更好地组织人流，活跃整个空间，增加各种商品售出的可能性。

按照不同功能将商场室内分成不同的区域，可以避免零乱的感觉，增强空间的条理性。一个大型商店可按商品种类进行分区。例如，一个百货店可将营业区分成化妆品、服装、体育用品、文具用品等。也有的商店将一个层面分租给不同的公司经营，这一层面自然按不同公司分成不同部分（图3-42）。

图3-42　墨尔本Myer百货公司（NH事务所）

（2）视觉流程

商场视觉空间的流程可分为商品促销前区、展示区、销售区（含多种销售形式）、休息区、饮食区、娱乐区等。由于该类空间基本属于短暂停留场所，其视觉流程的设计应趋向于导向型和流畅型。

人们在进入现代商场环境的时候，存在两种基本购物行为：目的性购物和非目的性购物。有目的性购物者都希望以最快的方式、最便捷的途径到达购物地点，完成购物形式，对此类消费者，在组织商场空间时，在视觉设计上应具有非常明确的导向性，以缩短购物的距离。而系统的导向系列也可以帮助无目的购物者作出临时购物决策，在流畅型视觉空间的行动范围中，自然地实现购物行为。

此外，与商品销售配套的休息区、饮食区，可以在视觉流程的设定上考虑平和舒缓一些，以减少商品的信息刺激量，给顾客以较充裕的时间调整身心的疲劳，以增加顾客在商场内的停留时间，加大顾客第二次消费的可能性（图3-43、图3-44）。

（3）陈设与界面

①陈设

商品的陈设是商场的主要功能之一，做好商品陈设的设计，对于吸引与方便购物行为有很重要的作用。根据商品不同功能上的特性，陈设方式分为地面陈设、高台陈设、柱面陈设、壁面陈设等。我们在进行商场设计时，应对各种货柜、展架的构成形式予以了解和掌握。

陈设方式的不同带来了售货方式的不同。陈设一般有开敞式和封闭式。开敞式售货指顾客可以随意感受和选择商品，如超市。开敞式的陈设展示适用于家用电器、服饰商品、日常用品等。某些商品还专门设计一定区域来展示，如电视的展示通常设置电视墙来吸引顾客；音响陈设有一定的影剧院氛围，使人产生身临其境的感受。封闭式的陈设展示适用于珠宝首饰、古玩等贵重物品，一方面起到一定的防盗作用，另一方面营造出高贵、精致、典雅的空间气质（图3-45）。

②界面

商场的陈设方式需要一个相协调的视觉形象环境来衬托，这就是空间的各个界面的处理。商场地面、墙面和顶棚是主要界面，其处理应从整体出发，烘托氛围，突出商品，形成良好的购物环境。

a.地面应考虑防滑、耐磨、易清洁等要求，入口及自动梯、楼梯处以及厅内顾客的主通道地面，若营业厅面积较大，可作单独划分或局部饰以纹样处理，以起到引导人流的作用。商品展示部分除大型商场中专卖型的“屋中屋”等地面，可以按该专门营业范围设置外，其余的展示地面应考虑展示商

图3-43　端庄而优雅的安·泰勒时装店（DGA设计工作室）。商店的中心装饰品盘旋而上直通各销售空间，设计师利用视觉与心理暗示的手法来唤起一种情感的回归

图3-44　御本木银座2号店（伊东丰雄、新田一郎）。设计的魅力在于将商业转变为艺术

图3-45　美国体育运动品牌Under Armour的商品陈设方式（architecture +information）

品范围的调整和变化，地面用材边界宜“模糊”一些，从而给日后商品展示与经营布置的变化留有余地。专卖型“屋中屋”的地面可用地砖、木地板或地毯等材料。一般商品展示地面常用地砖、大理石等材料，且不同材质的地面上部应平整，使顾客走动时不致绊倒。

b.商场的墙面基本上被货架、展柜等道具遮挡，因此墙面一般只需用乳胶漆等涂料涂刷或喷涂处理即可。营业厅中的独立柱面往往在顾客的最佳视觉范围内，因此柱面通常是塑造室内整体风格的基本点，须加以重点装饰。

c.商场顶棚，除入口、中庭等处结合厅内设计风格可作一定的造型处理外，在商业建筑营业空间的设计整体构思中，应以简洁为宜。大型商场出入口至垂直交通设施入口处（自动梯、楼梯等）的主通道位置相对较为固定，其上部的顶棚也可在造型、照明等方面作适当呼应处理，使顾客在厅内通行时更具方向感。

图3-46　新加坡LV旗舰店（Peter Marino）

现代商业建筑的顶棚，是通风、消防、照明、音响、监视等设施的覆盖面层，因此顶棚的高度、吊顶的造型都和顶棚上部这些设施的布置密切相关，嵌入式灯具、出风口等的位置，都将直接与平顶的连接及吊筋的构造等有关。由于商场有较高的防火要求，顶棚常采用轻钢龙骨、水泥石膏板、矿棉板、金属穿孔板等材料。为便于顶棚上部管线设施的检修与管理，商场顶棚也可采用立式、井格式金属格片的半开敞式构造。

总之，商场室内环境从陈设到各个界面应有一个明确的视觉传递系统来规范统筹，它对整体感的形成很重要。统一的视觉传递系统使杂乱的商品协调一致（图3-46）。

（4）采光与照明

光是人的视觉感知不可缺少的条件。商场的光环境设计包括自然采光和人工照明两部分。自然采光以日光为光源，人工照明以灯具为主要光源。

①自然采光

人对自然光有一种亲切感。实验表明，同等照度的光线中，人在自然光下不可辨认的细节更多。很多大型商场建筑采用天窗引入自然光，或整体光照或局部光照，产生出亲切生动的景观效果。商场空间的窗口朝向、位置、形状是创造自然光环境的直接因素。

②人工照明

a.照明方式

人工照明是诠释商业行为的基本手段。它分为整体照明和局部照明两种方式。整体照明也称基础照明，是室内全面的、基本的照明，强调水平与垂直并举的空间照明；局部照明也称重点照明，是对主要空间或商品展示陈列进行特别的照明，以增强视觉上的注意力和吸引力。

b.色温

光源的光色也叫色温，对商场空间的气氛影响很大。色温高的灯光不仅使人感到凉爽，而且富有动感；色温低的光线会使人感到温和、温柔，显得稳重、祥和，这种灯光能够突出木料、布料制品和地毯的柔软质感。色温与亮度的关系也会影响空间的气氛。若把高色温的光源用于低照度的场所，会使环境空间显得灰暗和阴凉；相反，若把低色温的光源用于低照度的场所，却会使空间感到闷热与不安。

c.光源

商场内部的照明大致可分为外露光源和隐蔽光源两种。外露光源的灯具一般都以荧光灯为主，并配以各种装饰性的吸顶灯、吊灯、壁灯等。它的亮度比较均匀，有一点眩光，正是这些光斑和眩光对人的激励，加上灯具的造型，能给人明亮华丽的感觉。而隐蔽光源则是以暗藏灯带为主，点光源为辅，并与光檐和发光天棚及内嵌霓虹灯相呼应的照明设计。这种形式的设计能创造出宁静悦目的感觉。

d.照明的作用

• 满足人们对照度的要求。

• 以突出商品为主，把商品的形、色、光、质等正确而恰当地表现出来。

• 营造氛围。利用不同的光色、不同的照度以及同一空间的明暗对比，使商场环境变得多姿多彩，以增进人们的购物欲望。

• 导向作用。照明设计除了设置适当的光照度和营造商业特定气氛外，还有导向作用，尤其在大厅的流动通道上方，灯光的导向作用更为明显。

总之，商场的照明为商品提供了一个舞台，与空间及陈设展示共同营造出多样化的、五彩缤纷的购物环境。商场照明设计要充分研究消费心理，按商场经营种类、地理环境、建筑式样、陈列方法等不同条件进行设计（图3-47、图3-48）。

（5）形象与立意

随着商业的不断发展，商场空间的设计不再是独立的形象塑造工作，它和企业精神、经营理念、消费者心态、广告战略等紧密地结合在一起。因此，室内设计时就应包括其企业整体文化内容，并突出表现在环境设计中。

建立商场空间的形象，应从商品的属性、商品的服务对象、商场的位置来思考，以确立基本的设计条件和形象定位。例如，针对青年人的时尚商品，针对家庭使用的普通商品，针对贵妇使用的高档商品，针对儿童使用的保健商品等。再如，不同的商品销售对象其意象表现是不同的：婴儿——柔和、安详；儿童——活泼、可爱；少年——健康、亮丽；青少年——活力、新潮、青春；青年——个性、优美、热忱；成年人——稳重、亲切、智慧；老年人——理性、文化、典雅等，各具性格特征（图3-49）。

如何创造商场环境“欲”的主题，涉及空间的处理手法：

a.形态的变异性与内涵性

要表现一种引人投入的空间情态，就要用形象来表述。如果只是平铺直叙，如卖伞，就展示伞的形象，这就司空见惯，不足为奇。因此，须做一些变异，结构不变，对非结构部分可以进行各种变化，以达到形象的新奇，引人注意。例如体量变、高度（或宽度）变、色彩变、材料变，也可以对这个形象的一些局部加以夸张、空间与实体颠倒等。

b.色彩的视觉冲击力

视觉有三要素：形、光、色。光与色总是分不开的。空间的光和色，能引起视觉的注意和集中，并引起对视觉对象的兴趣。例如，把暖色光照在鲜肉上，使肉显得更红润、新鲜；把强光照在烤鸭

图3-47　布鲁塞尔的Smets店。戏剧化的灯光将简单的陈列放大数倍，形成了特别的效果

图3-48　商场照明设计（Architerten 设计公司）。灵活、动态、交互利用光线的新方式不仅符合女性的消费特征，并且为她们提供了一种全新的购物体验

图3-49 针对男性的Lanvin旗舰店设计（Mr Architecture+Decor）

图3-50 色调鲜明的服饰空间（Patricia Urquiola）

图3-51　电脑商场门厅（BBGM设计事务所）。通过两个未来派的模特雕塑，演示和传递出IT业产品销售特征

图3-52　极具游乐、夸张、生动的儿童服装商场（EM建筑设计有限公司）

上，油光可鉴。但室内设计光和色的手法，远远不只是这种性质，而必须结合人的色彩心态，引起人们的注意，通过导向，引起购物欲望（图3-50）。

c.主题的形象化和隐喻性

商场空间倾向于商业目的，把主题形象化是关键。可是，太直截了当地交代出主题，露多藏少，则缺乏情趣，反而难以打动顾客，这也就是商场空间的艺术问题。例如，卖皮鞋的就用一只大皮鞋，照相机商店用一架大相机，或者海鲜馆用一只大龙虾等，用多了往往会使购物者产生逆反心理。主题的表现要形象化，宜采用暗示、含蓄等手段。

设计是创造性的工作，一个设计的成败，关键是有否准确的定位和新颖的立意。一个时代有一个时代的思潮和追求，不同的地域又带来不同的文化取向，而商场又是一个大众化的营销场所，它反映时代特征最直接、最快捷，信息量最大。这就要求设计师在立意时需有更加敏锐的洞察力和创新精神，以适应商品经济的发展而带来的商场环境变化（图3-51、图3-52）。

（6）店面与橱窗

①店面

店面既是街景的组成部分，又是商业建筑的脸面，也是商场室内营销环境的重要标识和个性化的招牌。店面设计是以独具特色的造型、色彩、灯光、材质等手段，展示商场的经营性质和功能特点，以准确地诱发人们的浏览和购物意愿为宗旨。

商场的店面设计应满足几方面的要求：

a.应从城市或街区环境景观整体出发，树立设计的全局观，并充分考虑地区特色、历史文脉、商业文化方面的规划要求。

b.抓住商场的行业特征和经营特色。

c.店面与入口往往同处一立面，设计应强调整体统一性并显示入口的标识特征，使入口真正形成内外空间交融与过渡及引导人流的“灰空间”功效。

d.店面设计与装修应仔细了解建筑结构的构架形式，以利于店面装修的支撑和连接依托，使店面造型具有技术上的保障。

②橱窗

橱窗是商场环境的重要组成部分和宣传促销标志，商场通过橱窗展示商品，体现经营特色，沟通内外视觉环境。橱窗的设计具有鲜明的商业个性化特征，销售的目标对象是其立意的基本主题表现。例如，女装用品的橱窗对象是女士，书店的橱窗对象是读者。在构思创意上要体现出不同对象的心理反馈特征。另外，要突出商品特性。如手表专卖店橱窗设计，应体现高贵、精确、耐用的设计意念。现代橱窗设计还讲究“兴趣中心”的构想，这个“兴趣中心”可以是一幅意义深远的图画，一件工艺品或是某个富有内涵的道具物品，以此来吸引顾客的视线，增强橱窗的欣赏趣味和感染力。

商场的橱窗可以设置在建筑外墙上，也可以设置在商场内或通道立面墙上。其处理手法有外凸式或内凹式空间变化。有时橱窗又与标志及小品组合一体，相映生辉。橱窗也是商场的点缀之笔，在照明设计时，应考虑足够的明度值，除空间内基本照明外，需设置突出表现重点展品的局部高强度照明，以使整个空间内主题鲜明、主次有致、层次丰富。橱窗的用材应选择具有耐晒、防潮、抗冻、防火性能的材料，还应注意这些材料的施工工艺性能和施工条件的要求与限制，以保证设计构想的顺利实现（图3-53、图3-54）。

（7）家具与装饰

①家具

商场的家具通常以实用性为基本造型特征，但家具总是为某种商品的陈设而存在，同时，空间场地也制约着陈设家具的设计。在家具设计中，人体工程学理论的运用，对人的空间尺度与家具、环境之间的关系有着重要的作用，设计师应该严格推敲、合理定位。

商场家具依照用途可以划分为两大类：一类是实用性家具（陈设物品用），另一类是装饰观赏性家具（营造气氛用），如模特台、屏风、盆景绿化架等。根据家具构造特点又可分：框架式家具、板式家具（组装式）、折叠家具、组合式家具（多形式组合）等样式。设计师进行商场环境设计时，可根据商品属性和经营策略，合理选用家具，寻求丰富多样的空间家具组织形式。

②装饰

商场装饰是指能够丰富空间、创造视觉亮点的物品和道具，如绘画、雕塑、绿化、饰物、小品等，它是空间的一部分，应统一设计，统筹考虑，营造出个性鲜明、统一精致的商场销售效果。例如，空间中设计师大胆引入室外绿化及园林景观，创造一种浑然一体、悠然自得的文化用品陈设环境，产生出符合商品特性、独具个性的

图3-53　伊斯丹百货的橱窗设计（《商店建筑》2013.10）

图3-54　商场店面设计

图3-55 Ermenegildo Zegna 男装店及休息角

空间氛围，这对加强消费者的购买欲是非常必要的（图3-55）。

3.3 办公室内设计

3.3.1 办公室内设计的基本概念及分类

（1）办公室内设计的基本概念

办公空间是供企事业单位处理行政等事务的场所。当今人们每天生活和工作的三分之一的时间是在“办公环境”中度过的。随着城市信息、经营、管理方面的发展及新的要求的不断出现，办公环境甚至有逐渐迈向半个家的趋势，足见它在人们生活中的比重已十分重要。舒适、方便、生态、安全的办公环境有利于激发工作人员的创造力，提高工作效率，同时，也是企业吸引人才的重要砝码和企业自身形象及实力展示的载体。

“办公环境”对今天的室内设计师而言，是一个不可忽视的研究课题（图3-56、图3-57）。

（2）办公室内设计的分类

办公室内环境按使用性质可分为：

①行政办公（机关、团体等事业单位）。

②专业办公（设计机构、科研、金融、贸易等专业场所）。

③综合办公（商业中心、公寓、娱乐设施等场所）。

3.3.2 办公室内设计的特征

（1）多元化

当微软把公司总部建在雷德蒙德丛林茂密的绿

图3-56 现代简洁的办公环境（March Studio）

图3-57 Cisco办公空间设计（StudioO+A）

图3-58　具有工业美感的办公场所（Groosman Pattners）

图3-60　便于交流沟通的办公空间（IwamotoScott Architecture）

图3-59　Adobe公司的员工休息区（Rapt Studio&WRNS Studio）

图3-61　人性化的办公环境（StudioO+A）

茵中时，当我们在城市的郊区建立一个个绿色办公园区时，我们不难从中看到当今人们对现代化办公环境越来越追求它的“田园氛围”。还有近来层出不穷的“公寓型办公室”、“独立住宅庭院型办公室”、“宾馆写字楼”以及各种功能用房改装的办公室等，它们为都市人们营造出更加舒适的办公空间和环境，并为现代化的办公空间增添了个性和色彩（图3-58、图3-59）。

（2）人性化

现代办公环境逐渐由传统的“间隔式+单间办公室”布局，转为开敞式的大空间办公环境，以便于内部人员之间的交流和联系，重视和谐、温馨氛围的营造。空间设计以“人性”为本源，倡导领域、自尊、亲切的场所内涵，重视自然材质与生态绿化景色的配置以柔化建筑构造的工业感，有利于调整办公人员的工作情绪，调动其积极性。同时强调灵活可变的“模糊型”的办公空间的划分和色彩、材质的应用，通过使用安全可靠的智能化科技手段，以朴实和现代、尊重和沟通、高效和安全贯穿办公环境空间的始终，以最大限度地彰显个性（图3-60、图3-61）。

（3）景观化

在趋于开敞式的大空间办公环境中，追求一种办公性质由事务性向创造性氛围的转化发展，重视作为办公行为主体的人在提高办公效率中的主导作用和积极意义，这就促使景观办公环境应运而生。它体现在用设计的手段或借助造景的形式让空间有序布局和工作流畅协调。

景观办公环境强调工作人员与组团成员之间的紧密联系与沟通方便，它具有在大空间中形成相对独立的小空间景园和休闲气氛的特点，宜于创造感情和谐的人际和工作关系。在环境设计上它常常采用家具、绿化小品和形象塑造等对办公空间进行灵活隔断，且家具、隔断均选用模数化、标准化的产品，具有灵活拼接组装变化的可能和余地，以体现出一种相对集中“有组织的自由”的管理模式和“田园氛围”，充分发挥办公人员的积极性和创造力，在富有生气和“个性思维”的环境中体现个人的价值与工作效率（图3-62、图3-63）。

（4）智能化

智能型办公环境是现代社会、现代企事业单位共同追求的目标，也是办公空间设计的发展方向。现代智能型办公环境具有三个基本条件和特征：

①应具有先进的通讯系统，即具有数字专用交换机及内外通讯系统，以便安全快捷地提供通讯服务，先进的通讯网络是智能型办公场所的神经系统。

②办公自动化系统（OA），即与自动化理念相结合的“OA办公家具”。其组成内容含多功能电话、一台工作站或终端个人电脑等，通过无纸化、自动化的交换技术和电脑网络促成各项工作及业务的开展与运行。

③空间装修的自动化系统，即“BA系统”。其通常包括电力照明、空调卫生、输送管理、防灾、防盗安保、维护保养等管理系统。以上统称为办公环境智能型系统（图3-64、图3-65）。

图3-62　景观化办公环境（HeiKKinen—Komonen建筑事务所）

图3-63　室内办公环境的景观化（Clive Wilkinson）

图3-64　可升降显示屏式会议桌

图3-65　现代化办公环境（金斯勒建筑设计规划公司）

3.3.3 办公室内设计的原则

办公环境的设计总体上应突出现代、高效、简洁与人文化的特点，以及自动化与办公环境的整合统一的原则。

办公空间的主要功能是工作、办公，工作、办公又依赖于自动化设备，而它又必须和办公环境结合，才能与其相辅相成，充分发挥功能而免除缺漏。因此，透过“整合”，我们可以把很多因素合理化、系统化地进行组合，才能达到它所需要的效果。一个经过整合的人性化办公室，所要具备的条件不外乎是自动化设备、办公家具、环境、技术、信息和人性六大项，这六项要素齐全之后才能塑造出一个很好的办公空间。

在办公空间设计中，设计师要对现代化的电脑、电传、会议设备等科技设施有所了解，因为有些设计师在设计办公室时，往往只重视外在的美，而忽略了实用的功能性，使得设计不能和办公设备结合在一起，以致丧失现代化办公环境的意义（图3-66）。

3.3.4 办公室内设计的要点

（1）功能

办公室是由各个既关联又具有一定独立性的功能空间所构成的，而办公单位的性质不同又带来功能空间的设置不同，如建筑设计事务所，它的办公空间的组成有模型室、电脑室、资料室、展示室、设计总监办公室、设计室、文印室等；而行政管理办公环境则由财务部门、人事部门、组织部门、行政秘书部门、总务部门、办公部门、各级科室管理部门等构成；生产性质的办公环境的功能空间组成有经营部门、安全部门、生产计划部门、公关部门、质检部门、微机室、材料供应部、产品展示室等。在设计时应根据具体单位的性质和其他所需，给予相应的功能空间设置及设计构想定位，这直接关系设计思路是否正确、价值取向是否合理等根本问题。在满足设计功能的基础上，对于办公空间的塑造，设计师应把握住该类办公性质所形成的空间内在秩序、风格趋向和样式的一致性与形象的流畅性，以创造一个既具共性特征又具个性品质的办公环境。

图3-66 Velti旧金山总部办公环境（aecom）

办公室内环境按其功能性质及工作的顺序规律，其功能区域构成有：

①为内外交往或内部人员会聚、展示的功能空间，如会客室、接待场所、各类会议室、阅览室、陈列室等；

②根据管理体制、结构特点设置的办公、休息区，如经理室、主管室、财务室、绘图室、业务部、休闲室等办公用房；

③为办公空间提供资料信息处理的用房区，如资料室、档案室、电脑室等服务用房；

图3-67　Thunder House 工作室（Resolution:4 Architecture）

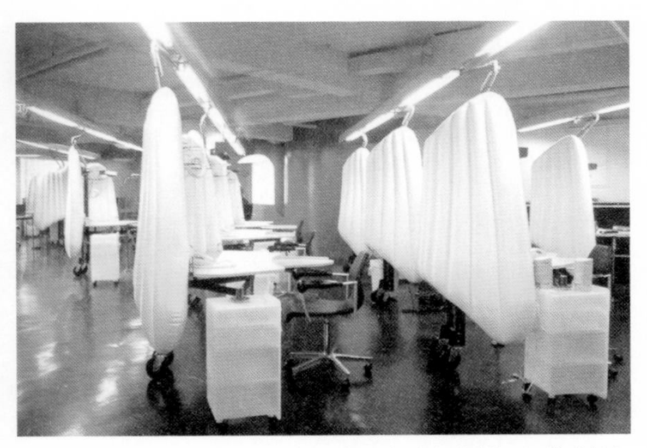

图3-68　以充气垫取代OA隔间的轻巧办公室（潘礼旺、黄书恒）

④为办公人员提供生活及后勤保障的用房，如库房、卫生间、配电机房、员工餐厅等辅助用房。

这些不同的区域之间又相互渗透、相互联系，构成一个办公序列化的运转整体。

（2）设备家具

办公环境中的设备和家具是最基本的空间构成要素，如系统家具、OA办公桌、人体工程学座椅等，因此，设计前应深入了解现代化办公室的设备并掌握办公家具的运用。另外，它们的尺寸体量和人使用时必要的活动空间尺度，以及各单元相互间联系的交通尺度等均应一并熟练掌握，只有这样，构想时方可得心应手（图3-67、图3-68）。

（3）环境因素

环境因素是现在的设计师在设计构想时应关注的问题。所谓环境，即是人在听觉、视觉、味觉、感觉、触觉方面的设计，亦即色彩的运用、材料的搭配、音效系统和整个造型给予视觉的心理观感等。

此外，办公环境还受国家、民族的文化、风俗、传统的影响而呈现出不同的设计取向。同样的一个办公室在实际使用中，会产生不同的效果。如日本人对办公环境中影响人体的照明、温度、湿度和通风很重视，而美国人则重视噪声；日本人认为决定工作效率的因素是工作程序的合理，而美国人则认为人际关系很重要；日本人多数喜欢分部门和开敞的工作空间，而美国人多数则更喜欢个人办公室；在绿化方面，两国人员都表示喜欢，但原因不同，美国人喜欢的原因是便于合作共事，而日本人选择的理由恰恰相反，是为了便于个人工作；在办公桌等布置上，日本人都选用“面对面”的布置，而美国人则更愿回避“面对面”等。这些都是环境设计的重要因素，不可忽视（图3-69）。

（4）现代技术

所谓技术，即是指随着智能型大楼不断地产生，其大楼内的空调技术、照明技术、地板工程、噪声防治、电脑微路设计及设备管理的观念等。在现代办公环境设计中，现代技术已广泛应用，例如照明设备，在以往并不受重视，只要能看得到就好

图3-69　Adidas中国总部办公空间（PDM International）
造型、色彩、灯光塑造给予人运动感与科技感的体验

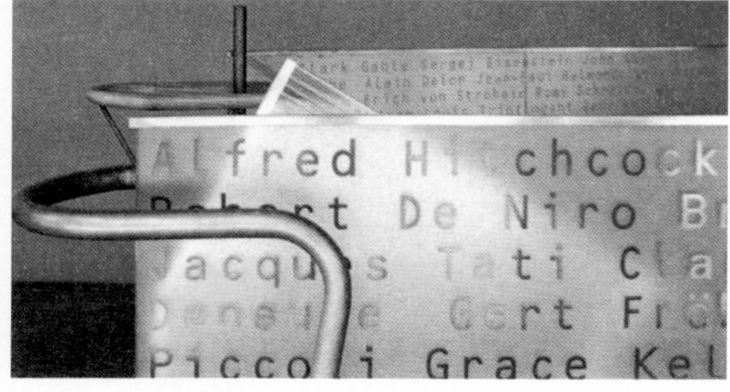

图3-70　两种扶手的内涵

了，但现在已演变成自动化控制的照明系统，可以随天气的好坏自动开关照明系统，使办公室的设备更接近人性化的层次。

（5）信息处理

我们都知道，办公室是对信息生产、复制、处理、归档和美化的一个地方，但是在信息越来越多时，我们便会发觉文件资料已繁多到无处可放或遍寻不着，此时资料的处理就不单只是档案管理的问题，还必须考虑到整个信息系统和空间的管理，而这些项目便是设计办公室时所要兼顾到的。例如在设计一个柜子时，便要预设到其可容纳档案的量和类别，为档案的归类存放提供良好、便利的方式。

（6）人性因素

人性是最难捉摸的，但其在办公室内设计上涉及的范围，不外乎是人体工程学的应用，包括生理和心理的舒适和满足感，如家具使用的亲切感、工作上的领域感、视觉和听觉的反应等。总之，创造一种仿佛回到家庭一样的舒适与亲切，使家的感受延伸到办公室（图3-70）。

（7）相关指标

①根据办公楼等级标准的高低，办公室内人员常用的面积定额为3.5~6.5 m^2/人（不包括过道面积），据上述定额可以在已有办公室内确定安排工作位置的数量。

②从室内每人所需的空气容积及办公人员在室内的空间感受考虑，办公室净高一般不低于2.6 m，设置空调时也不应低于2.4 m；智能型办公室室内净高，甲、乙、丙级分别不应低于2.7 m、2.6 m、2.5 m。从节能和有利于心理感受考虑，办公室应具有天然采光，窗地面积比应不小于1：6（侧窗洞口面积与室内地面面积比）。

（8）照明设计

①在组织照明时应将办公室天棚的亮度调整到适中程度，不可过于明亮，以半间接照明方式为宜。在办公局部空间中，增加适当亮度的补充光源，如多用途工作灯等，能使办公人员自动调节光度，有轻松、亲切之感，提高工作效率。

②办公空间的工作时间主要是白天，有大量的自然光从窗口照射进来，因此，办公室的照明设计应该考虑到与自然光如何相互调节补充而形成合理的光环境。

③在设计时，要充分考虑到办公空间的墙面色彩、材质和空间朝向等问题，以确定照明的照度、光色。光的设计与室内三大界面的装饰有着密切关系，如果墙体与天棚的装饰材料是吸光性材料，在光的照度设计上就应适当调整提高；如果室内界面装饰用的是反射性材料，应适当调整降低光照度，如此方能设计出舒适的光环境。

（9）材料设计

①办公空间在装饰处理上不宜过多堆砌材料，画龙点睛的设计方法常能达到营造良好办公氛围的效果。办公室的墙面装饰常用乳胶漆和墙纸，也可利用材质的拼接进行有规律有模数的分割，这种墙面的分割造型既体现出了材质的美感，又能使墙面在统一中富于变化。在会议室、接待室等功能区域，设定一面主要的装饰墙是惯用的装饰手法。它既使空间装饰有重点，又给视觉设定了一个落点。另一方面，也可以在墙面上进行有一定立体层次的造型处理或结合灯艺对墙面进行有重点的装饰。

②办公环境从性质上讲是属于一种理性空间，应显出其严谨、沉稳的特点。除了在造型上寻求层次的丰富，运用材质的搭配也可达到这一目的。用一种主要的材质和一至两种次要的材质进行搭配，在质感和数量（面积）上形成协调的对比，能给视觉带来愉悦的享受。例如，利用大面积大理石这种抛光材质与小面积的铝合金这种反光材质进行搭配，从而显出现代简洁的装饰特点；利用大面积乳胶漆这种人工材质与小面积的文化石这种自然材质相搭配而显出大方、质朴的装饰特点。材质的合理运用能使空间充满层次感，特别是随着科技的发展，材料的更新又会带出更多更好的新形式，这是每位设计师应予以关注的。

③办公空间环境也是企业形象的展示，设计时可以根据空间的需要，考虑设置代表企业特征或性质的门牌或特殊的装置来点缀空间，使人时刻感受到环境的性质，给人带来清晰的识别与认同。这种带有装饰意味的装置有时可由有历史纪念意味的壁画或者奖状、雕塑、抽象符号来构成，也可以结合空间做一些橱窗或陈列柜来收藏与展示，使某一角落成为空间注目的焦点，这对营造办公环境的文化品位与空间的文化气氛是有帮助的（图3-71、图3-72）。

图3-71　公司接待台（Neil M.Denari）。由夹有荧光灯的多孔丙烯酸镶板制成，顶部和边框用不锈钢材料

图3-72　HBO公司入口（HLW）

（10）相关功能空间设计

①开敞式办公空间

开敞式办公空间亦称开放式办公室。目前，这种布置形式的办公空间已广泛使用于各企事业单位。它突出地体现了沟通、高效与私密、层次相结合、相交融的现代办公环境理念。

开敞式大空间办公室有利于办公人员、办公组团之间的联系，提高了办公设施、设备的利用率，相对于间隔式的小单间办公室而言，大空间办公室减少了公共交通和结构面积，缩小了人均办公面积，从而提高了办公建筑主要使用功能的面积率。但是大空间办公室，特别是早年环境设施不完善的时期，室内嘈杂、混乱、相互干扰较大，近年来随着空调、隔声、吸声以及办公家具、隔断等设施设备的发展与优化，开敞式大空间办公室的室内环境质量也有了很大提高。

为保证室内具有一个稳定的噪声水平，大空间办公室内不应少于80人，通常大空间办公室的进深可在10 m左右，面积以不小于400 m^2为宜。在设计上，应体现方便、舒适、亲情、明快、简洁的特点，门厅入口应有代表企业形象的符号、展墙及有接待功能的设施，高层管理小型办公室设计则应追求领域性、稳定性、文化性和实力感。一般情况下紧连高层管理办公室的使用空间有秘书、财务、下层主管等核心部门（图3-73）。

②单元型办公空间

单元型办公空间指在写字楼出租某层或某一部分作为单位的办公室。设在写字楼中有晒图、文印、资料展示、餐厅、商店等服务用房供公共使用。单元型办公室应具有相对独立的办公功能和行业特点。通常单元型办公室内部空间分隔为接待会客、办公（包括高级管理人员的办公）、展示等空间，根据功能需要和建筑设施的可能性，单元型办公室还可设置会议、盥洗卫生等用房。

由于单元型办公室既能充分运用大楼各项公共服务设施，又具有相对独立、分隔开的办公功能，因此，单元型办公室常是商贸办事处、设计公司、律师事务所和驻外机构办公用房的上佳选择。近年来兴建的高层出租办公楼的内部空间设计与布局中，单元型办公室占有相当的比例，它灵活实用，很受市场欢迎。

③公寓型办公空间

公寓型办公空间也称商住楼。公寓型办公室的主要特点为该组办公用房同时具有类似住宅、公寓的盥洗、就寝、用餐等使用功能。它所配置的使用空间除与单元型办公室类似，即具有接待会客、办公（有时也有会议室）、展示等功能外，还有卧室、厨房、盥洗等居住必要的使用空间。

公寓型办公室提供白天办公、用餐，晚上就寝的双重功能，给需要为办公人员提供居住功能的单位或企业带来方便。城市里一般的大型宾馆、旅店都设有商住楼，它深受驻外机构、外资企业的欢迎。

④会议空间

会议室是办公功能环境的组成部分，它兼有接待、交流、洽谈及会务的用途。其设计应根据已有

图3-73　开敞式的办公空间（Hickok Cole）

图3-74　adidas中国总部会议空间（PDM International）

图3-75　隐没于墙体之中，开放合闭自由的会议空间（禾浩）

图3-76　会议空间

空间大小、尺度关系和使用容量等来确定。人们使用会议家具时活动空间和交往通行的尺度，应根据人体工程学计测原理与具体使用要求来决定。这是会议室室内设计的基础。

会议室的空间设计，布局上应有主位、次位之分，常采用企业形象墙或重点装饰来体现座次的排列。会议空间的整体构想要突出体现企业的文化层面和精神理念。空间塑造上以追求亲切、明快、自然、和谐的心理感受为重点。空间技术上要求多选用防火、吸音、隔音的装饰材料。另外，灯具的设置应与会议桌椅布局相呼应，照度要合理并结合一定比例的自然光照明，这是会议空间的必需（图3-74~图3-76）。

⑤经理办公空间

经理是单位高层管理的统称，它是办公行为的总管和统率，而经理办公室则是经理处理日常事务、会见下属、接待来宾和交流的重要场所，其应布置在办公环境中相对私密、少受干扰的尽端位置。空间中家具一般配置有专用经理办公桌、人体工程学坐椅、信息设备、书柜、资料柜、接待椅或沙发等必备设施。条件优良的还可配置卫生间、午休间等辅助用房。在经理办公室外紧连的应是秘书办公间或小型会计室。根据办公行为流程规律，一般企业的核心部门均紧靠经理办公区域，如财务室、主管室等。

经理办公室室内整体的风度品位，能从一个侧面较为集中地反映机构或企业的形象和主人的修养。因此，经理室的设计在整个办公环境中是重中之重。其创意定位和设计基本要求是：首先确立所属企业的特点和经理的个性特征，如有无特殊追求和爱好，整体造型上应体现简洁高雅、明快庄重和一定的文化品位；其次，材质选用可较其他办公空间高档、精致，装饰处理流畅、含蓄、轻快，以创造出一个既富个性又具内在魅力的办公场所（图3-77）。

图3-77 稳重大气的经理办公室

图3-78 台北红点设计博物馆（姚政仲）

3.4 展示室内设计

目前，我国设计界对于展示设计（Display Design）并不陌生。经济的兴旺带来展示业的迅猛发展，各行各业日益增多的各类展览会、促销会、订货会、庆典盛会等层出不穷，城市间竞相建立的各专业展览馆、博物馆也如雨后春笋。这反映出信息社会的基本特征和展示的根本宗旨之间的相关性和统一性，即：传递信息。由此可见，展示业既是服务性产业，又是信息性产业，也是经济财富的创造者（图3-78）。

3.4.1 展示室内设计的基本概念及分类

（1）展示室内设计的基本概念

展示设计是一项综合平面与立体的空间形态设计与环境的创造。它需要采用一定的视觉传达手段和照明方式，借助一定的道具设施，将一定量的信息和宣传内容，展现在公众面前，以期对观众的心理、思想与行为产生重大的影响。

在当今社会里，展示活动和展示设计的意义深远：它能促进国家经济发展和国际间的贸易往来；能有效地促进生产的发展；能加快情报与信息的流通，推动科研成果的市场转换；能起到直观、有效的教育作用，如文化教育、科技教育、历史教育、艺术教育等，陶冶人们的情操，提高全民素质。总之，展示艺术在经济建设与文化建设中，将产生越来越重要的功效（图3-79）。

（2）展示室内设计的分类

展示室内设计包括了博物馆、美术馆、校史馆等文化性环境展示设计、商业环境展示设计、展览会展示设计、庆典活动展示设计、旅游环境展示设计等。

①按规模划分：小型、中型、大型。

②按性质划分：观赏型（文物、美术展等）、教育型（政治、历史、宣传展等）、推广型（科技成果展）、交易型（展销会、购物环境展示等）。

③按时间划分：长期性固定、定期持续、短期。

3.4.2　展示室内设计的特征

设计师创意时应该树立怎样的观念以及如何准确地把握展示设计的特征，是展示设计成败的重要因素之一。展示设计的根本性特征有如下几点：

（1）功能性

功能性即展示功能在设计中的主导性。从属于功能、服务于功能是设计领域的基本规律。展示设计的功能性表现为一种完整的功能系统，即展示会场的信息传递功能、实物展示功能、实演功能、洽谈交流功能和销售功能等。从入口、序馆至出口的序列组合设计，必须围绕着实现特定的展示功能进行，必须充分体现展示意图和功能定位。

（2）多维性

多维性即多维的时空艺术。展示环境往往是由一系列大大小小、功能不同的空间组合而成，它在展示活动中充满着人流和信息流的转换，是一个流动着的时空过程。因此，设计师必须充分考虑展示艺术的多维性特征，处理好系列流动空间的组合效果及观众参与的连续效应、心理效应，以期达到展示的目的。

（3）综合性

展示设计是建筑艺术、视听艺术、视觉传递艺术和表演艺术的综合体，是多学科交叉的边缘学科。除设计艺术领域的知识外，展示设计还涉及电影、雕塑、市场营销、成本核算、统筹计划、展示人才配备与现场操作等知识领域。因此，设计师的知识储备对展示设计工作的开展尤为重要。

（4）展品本位

展品是展示设计的主体。展示空间要以展品为本，如同舞台美术一样，在展示空间中，道具只是舞台，展品才是演员，设计师要调动一切手段为展

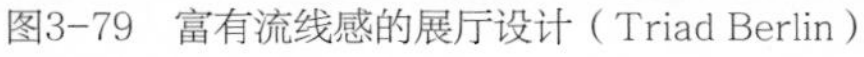
图3-79　富有流线感的展厅设计（Triad Berlin）

图3-80　空间的主角——奥迪车展

图3-81　极富动感的中心车道，引导着车辆及参观路线
（Schmidhuber+Kaindl）

图3-82　简洁、现代的设计语言（Joey Ho Design Limited）

图3-83　构建不同文化主题的博物馆展厅设计
（ATELIER BRUCKNER GmbH）

品创造最佳的空间环境，做到“步移景异”的流动情景（图3-80、图3-81）。

（5）互动性

展示设计必须体现出开放性、透明性和参与性的艺术特征。展品的陈列只是展示的起点，只有当展示活动中的人与人、人与物之间形成互动和积极的参与交流，才能相互地体验与验证，才能激起参观者的兴趣进而打动他们。

（6）系统性

展示活动一般是以“流动—停留—流动”的方式，让人接受信息、观赏展品。展场由序馆、分馆、中心厅、影视厅、会议厅、洽谈室、服务部等序列空间组成。因此，展示空间的组织、序列、过渡、方向导引、展品陈列、色彩文字、照明方式等应该是有机的、完整的和有连续性的。为了保持形式的多样化和风格的统一性，必须采取“总体—序列—分列—总体”的设计程序，左右照顾，前呼后应，交叉研究，以便内容与形式的高度统一。

（7）简洁性

展示的内容及形式应简明扼要，主题突出，让人过目不忘（图3-82）。

（8）无—有—无

展示艺术创造的过程，其实就是从无到有，然后在展览过程中又从有到无的过程。人们在为富于魅力和美感的展品所吸引时，并不注意空间的形式、照明灯具的造型、展具的构成或其他，仿佛它们全消失了，这正是空间组合的适度，照明的舒适，道具设置的自然，使展品得以最优化的展示。此时观众已进入物我两忘、领略场所精神的境界（图3-83）。

3.4.3　展示室内设计的原则

（1）真实性与规律性

展品以实物为基础，一要博采，以全其貌；二要原件真品，以稀为贵。实物展出要体现其时间、空间、类型等规律性。博物馆的展示设计，突出地体现了这一原则。

（2）总体与统一设计

总体与统一的设计原则是展示艺术的突出特点。

①总体设计

总体设计，是展示的设计与实施的主导，是展示会成功的基础。总体设计包括两方面内容：一是脚本编写，指内容和主题的定位、环境气氛的设想、对道具与展示效果的总体要求与把握等；二是艺术形式设计，指空间形态、结构与工艺、平面布局（展线区划等）及版式、道具造型、装饰风格与形式、色调与照明、陈列手法的确定等具象的设计。

②统一设计

统一设计是总体设计的实施方略。包括对会标、会旗、吉祥物、纪念品、服装、灯具、场馆、广告宣传、空间、标识等统一进行风格形象的创意和格调的设计（图3-84~图3-86）。

（3）内容和形式

展示设计因展示的目的不同而有不同的设计要求，如博物馆的展示设计就与高新科技成果展览会的设计要求不同，自然也与经贸洽谈会、商品交易会的设计要求不同。而所有展示的目的都是实现举办者或者参与者所要取得的效果。毫无疑问，展示的内容决定了展示设计的形式。形式是内容信息传播的各种媒介和感知手段，是内容的外在表现。因此，设计师就要充分运用空间、道具、灯光、色彩，包括物品、文字、图表、图片等材料，甚至配以演示等手段，恰当地表现形式，以更好地衬托展示的内容，更集中地传播信息（图3-87）。

（4）主题与风格

展示设计是实用艺术，无论哪一种类型的展示，都有一定的时间限制。要在单位时间内给观众留下深刻印象，设计师必须把握好主题与风格的关系。展示艺术风格指的是体现某种观念或理想的“格调”。风格的选择和确定，首先是根据展示目的和展示效果的需要明确主题，在不偏离主题的情

图3-84　日本横滨美术馆展廊

图3-85　日本横滨美术馆展区

图3-86　室内梯步通道（日本横滨美术馆）

图3-87　集展览空间、玻璃工艺演示、DIY工坊、图书馆等为一体的上海玻璃博物馆（COORDINATION ASIA）

图3-88　LV与日本艺术家草间弥生合作设计了Selfridges百货公司LV概念店，将商品的特性与草间弥生经典的波尔卡圆点图案完美地融合，创造了独特的主题和风格

况下确定风格。如商品展的设计要围绕商家的市场目标与营销策略这一主题，在此基础上寻思内容与形式相符合的构想（图3-88）。

（5）观众与设计

“一切为了观众”，让观众与展物自由对话与沟通，充分体现对人的关怀和亲和力，应是现代展示设计最基本的要求。观众不仅是展示功能的直接受惠者，也是实现展示功能的主动建设者和全面参与者。展示活动应从展示环境和空间布局来充分考虑参观者的生理及心理的最佳需要，一切为观众考虑，一切从展示的效果出发，这是展示环境的重要原则（图3-89）。

图3-89 展示空间中，参观者的积极参与为展示赋予了活力

图3-90 Roca展示了其专注产品设计、可持续性和卫浴空间的未来趋势（Dan Pearlman）

（6）统一与变化

展示设计是从内容到形式的系统工程。只有在统一的前提下，信息才会清晰、有序地转达。同时，对比与变化是展示艺术灵魂的升华，是其韵律所在。只有通过对比才会调动视觉的兴奋，衬托和强化展示内容的主体；只有通过变化才会加强展示的个性与多样性（图3-90）。

（7）选材与制作

展示设计是实用艺术，且受时间和成本的限制，因此，在设计阶段要充分考虑后期布展施工，充分考虑经济因素。设计、选材、预算之间是相辅相成、互为一体的，好的展示效果需要材料、工艺制作和经费的保证。但同时，从成本的角度出发，设计师必须意识到优秀的展示设计既要有合理的选材，以保证展示效果，也必须考虑便于加工制作，便于布展、撤展，以尽量降低成本（图3-91）。

图3-91 上海世博会英国馆最大的亮点是由6万根蕴含植物种子的透明亚克力杆组成的巨型“种子圣殿”，日光将透过6万根透明的亚克力杆，照亮“种子圣殿”的内部，并将数万颗种子呈现在参观者面前

（8）吸引力

展示设计的根本功能是传递信息，要做到这一点，设计就要追求和创造一种能吸引观众注意、留下印象、让人过目不忘的视觉形象。展示艺术要给人印象深刻，才能树立良好的形象效益，实现其基本价值。因此，如何在最短的路线、有限的空间，寻求一种独特的主题符号（生态的、历史的、未来趋向的等），而吸引更多的目标观众，看到和想到更多的东西，获取准确的和更多有价值的信息，是一项设计所必须关注的问题（图3-92）。

（9）高效率

讲效率、多功能是展示设计的又一原则。现代展示场馆可以说是寸土寸金，因此，应充分利用每寸展位面积，让每一寸展位渗透出展示的目标信息，安排好人的行动路线和观展位置，适当融入一些洽谈、接待、体验的区域，让空间更加丰富，又有多面的展示功效。

3.4.4 展示室内设计的要点

（1）展示室内环境的构成要素

①空间

展示空间的塑造应围绕功能、心理、效益、审美等四个方面进行。首先满足实物的陈列、演示、交流、贸易与人流组织等实际功能的需要；二是要达到功能要求的心理与情绪效果，如活泼而充满幻想的异形玩具展示空间，静谧、暴露结构的现代科技展示空间等；三是充分利用现有空间面积和成熟的组合式展架道具架构；四是追求合理的空间形象感、节奏感及其形式美感，但前提是必须在功能设计和心理设计的内涵基础上进行设计（国际标准摊位为9 m^2，由2 400 mm长的梅花柱和960 mm长的铝扁件，夹装标准展板搭成的。可搭成3 m×3 m或2 m×4 m的平面）。

展示空间环境要求简洁而富有个性，要引人入胜，尽量使人感受到场所的主题精神。在空间的形象上，要新颖、独特；在空间的连续上，要有对比、变化，如空间的高低、大小、明暗及空间界面的曲直、虚实等，这样就会收到好的展示效果。总之，追求“空间消失”的境界，是展示空间设计最高的水准（图3-93）。

②道具

a.道具的分类及结构

展示用的道具众多而各具特点和用途，主要有承托、围护、吊挂、张贴展品、指示方向和说明展品用的道具。如展柜、展台、展架、展板、布景箱、栏杆、屏风、花槽、标牌、广告牌、灯箱、支架、角铁、包角、卡子、挂钩、玻璃、夹件、插头、销钉、沙盘和模型等。

展具按照结构方式来分，有整体式和拆装式、伸缩式三大类，用材包括金属、木材、玻璃、塑料等（图3-94）。

b.道具选择

道具的选择与尺度必须符合人体工程学要求，在造型、材质、色彩、装饰与肌理等方面，要符合视觉传达设计的规律并视展示建筑的室内外风格、展厅的大小、陈列性质、展品特点、建筑空间环境的色调、视线高度及观众的欣赏习惯等因素而统筹决定。

c.展示道具设计的原则和要求

- 要以定型的标准化、系列化为主，特殊的设计为辅；
- 要重点研究拆装式、组合式，以便做到可任意组合变化，使包装、运输和贮存都节省空间；
- 要轻量化，用轻质材料制造，以便做到搬动方便；
- 要结构简要、易加工和安全可靠；
- 要造型简洁，不宜用复杂的线脚与花饰；
- 色彩要淡雅、单纯；
- 表面处理宜用亚光，不产生眩光，以便突出展品和保护观众的视觉器官（图3-95、图3-96）。

③照明

a.展示照明的作用

展示照明的作用，一是满足陈列与参观所需的照度要求（基本照明与局部照明），既有利于观众的视觉卫生，又有利于突出展品；二是创造一定的环境气氛，以有利于主题思想的表达。

图3-92　设计师利用杂技演员现场表演，不仅吸引参观者还传递出爱立信产品的“可控制性、灵活性和传递性”的品质，极富感染力（英国伦敦联想设计公司）

图3-93　蒂罗尔博物馆（Uwe Münzing(cd), Anne Sievers, Fabian Friedhoff）。将民族英雄安德烈斯·霍费尔作为主题的展览，从多个角度展现了霍费尔不为人知的一面

图3-94　服装展示展具（杨扬　董超）

图3-95　可折叠的展示系统（Bonsoir Pairs）

图3-96　使用了张拉结构形式的SOLON展厅（James Dickerson，Burkhardt Mohns）

b.灯光氛围的分类

照明是展示环境气氛塑造的重要手段。从宏观上讲，每个展示活动都应给人们一定的有益于主题效果的气氛感受。对主题气氛的特征、灯光渲染的手法及其与整个展示现场的协调等，应认真地加以研究。以下是灯光气氛的分类，具体设计时可作参考：

- 价值感：华贵的气氛，质朴的气氛。
- 时代感：现代感气氛，思古气氛。
- 情绪感：热烈的气氛，幽雅的气氛，凝重的气氛，欢快的气氛，清爽的气氛，诙谐的气氛。
- 环境感：乡土感气氛，自然生态感气氛，都市感气氛，太空感气氛。
- 视感：明快的气氛，暗淡的气氛，强烈的气氛。

气氛光的照明，需要特殊的照明组合，特殊的照明灯具，特殊的色光处理，特殊的光影构想与动感设计，甚至需要光、声、电多手段的结合手法，才能创造出让人过目不忘的主题氛围，达到展示传播的功效。

c.展示照明设计的基本原则

展品陈列区照度要充足、均匀，比观众所在处的亮度高；要避免出现眩光，光源不能裸露，灯具的保护角要合适，展柜内一定要装灯，油画与展板倾斜放置；要根据各类展品的不同要求来配光（选择不同的光源、光色、型号）；不歪曲展品的固有色；选用不含紫外线的光源；要确保安全（防火、防爆裂，处理好通风、散热问题）；充分发挥灯具的效率（尽量减少光能的损耗和浪费）。

d.展示照明方式

作为展厅中的基本照明，往往做成灯棚吊顶（轻钢龙骨或铝合金龙骨，镶磨砂玻璃或白色有机玻璃，内设直管型荧光灯），或者沿墙四周顶部加设灯檐，既可照亮棚顶，又可照亮墙面。灯檐可全部用透光材料制作，也可局部使用透光材料。

展墙与展板的照明，多半采取直接型照明方式：一种是采用射灯，灯设在反射区外并有3°~5°的余量，并保证光线至画面的投射角度不小于30°，以便使照度均匀；另一种是在展墙或展板的顶部设灯檐；第三种是利用与展架配套的带滑道的射灯照明，灯位与投光角度可任意调节。

展台的照明方式有两种：一是在展台上部架设吊灯，二是在展台上直接安装射灯。根据需要，大型展台的内部也可以装灯，用来照亮台面、展品或创造一定的气氛。

展柜里的亮度起码应是基本照明的2~3倍。重要展品与高档商品的展柜亮度，则应是基本照明的4~5倍（图3-97）。

④色彩

对于展示环境设计而言，色彩是指环境色（天、地、墙）、展品色、道具色、光照色、版面色及饰物色等的总和。依据展示空间的大小，展示色彩可以分为宏观设计、中观设计和微观设计。

图3-97　通过灯光和展台营造的氛围

a.宏观设计，亦即整个展示色彩的总体设计，其任务有二：

•统一设计展示的专用色与主调色。所谓展示的专用色，即展示标志用色、展览馆安全用色等；所谓展示主调色，则是为整个展示所制定的色彩基调，根据展示主题与季节寒暑，规定整个展览色调的倾向性——是高调的，还是低调的，是倾冷的、趋暖的，还是中性色调的等。

•确定各展馆之间的色彩关系——既有统一感、连续感，又有个性化的变化，前后形成一种有韵律感的节奏。节奏的快慢强弱，渐变或突变，要作全面的考虑。如以儿童为对象、追求新异刺激为特点的玩具展，其色彩的设计可以是高调的、响亮的、快节奏的、旋律多变的。

b.中观设计，指对展示中的一个个分馆，或一个大型展览馆中的一个展示单元的色彩设计。其主要任务在于：

•企业色彩、标志色彩的巧用，以造成展览的单元感；

•配合灯光使用，造成适宜的氛围感；

•利于单元产品与图像文字进行整体良性显现的设计。

c.微观设计，即一个个展示区位的色彩设计。其任务着重于巧用色彩的视感与心理作用，以求得良好的诱目性及展品色彩的显色性，图像、文字的易辨性与可读性。在展示中，运用色彩给人的视觉暗示、心理联想，能够收到很好的展览效果。

色彩具有最丰富的表情和魅力，在展示设计中，要注意充分发挥色彩的表现力与感染力（图3-98）。

⑤版面

版面是展示活动中内容宣传与信息浓缩传播的构成要素和组成部分。展示艺术中的版面设计包括版式、图表、色彩、文字等主要内容（图3-99）。

图3-98　企业标志色在物流公司DACHSER展厅中的运用（mbco）

图3-99　版面设计

a.版式。版式分总版式和分版式两部分：

• 总版式是一个展示会或一个展厅里展板的基本构图格式，比如标题放在哪个部位、底板（版心）是什么色调和用材，标题字多大和选用何种颜色，各类文字与数字都用何种体式，对照片尺寸有何规定和要求，版面上怎样装饰与运用色彩等。这是对展示版面的总体设计。不同部分的颜色、字形和版心上的照片编排等，可以改变，但总体格式不能改变。

• 分版式是在总版式确定之后，每块展板根据内容的不同而设计的不同排版形式。指版心中的照片编排、说明文字的布局、图表形式的选择和装饰手法的确定，这些都必须在不违背总版式的前提下进行。

b.图表。博物馆和展示会上常用图表说明问题，尤其是表现成就和展望未来（远景规划）的展示会，图表是不可缺少的。图表能形象、简明地表明事物发展状况，全面、概括地说明问题，有助于观众在短时间内最便捷、清晰地了解情况，达到一目了然的直观效果。

常用的图表分四大类：统计性图表、系统性图表、示意性图表和比较性图表。图表各有不同的用途和目的。

• 统计性图表。用来表现同一时期的各方面的情况，或同一事物在不同时期的情况，把发展的现状和发展规划汇总起来。

• 系统性图表。为了使观众对某个大系统（或者小系统）有全面的了解，往往采用族系式、枝干式或坐标式的表现形式，达到眉目清楚的效果。

• 示意性图表。表现物产或资源分布、生产规模与现状，以及发展的远景规划，表现事物发展演变的情况和组织构成情况等。往往用地图式、系列式、坐标式和计时式等表现形式。

• 比较性图表。表现几种事物在同时期或不同时期内的不同发展状况，或一种产品在几个年度内的发展，给观众提供比较的数据资料，使人看清形势并增强信心。这类图表常用的形式有数字式、几何比例式、几何线段加形象图解式、形象大小对比式、照片衬景式和百分比式、坐标式等。

设计图表前，必须充分、深刻地理解脚本内容，弄清图表中的主次和连带关系、层次关系以及数据真实可信。

c.色彩。展览版面上的色彩包括：各类文字的色彩选定，标题字衬底的色彩，版面上的色带、色块（起分隔、衬托、补空、强调或关联作用），图表的颜色选择；版心色彩的选择等。版面上的色彩不可过多，一般不应超过三种。

色彩是起烘托作用的，色彩能表达情感，又可以起到分组、联系和弥补的作用，做到眉目清楚。一个部分的版面应有统一的底色和基调。字的颜色要鲜明易读，不能白底上写米黄色的字或黑底上用深蓝色的字。注意统一与对比的关系把握。

d.文字。展示离不开文字。版面上的文字分标题字、简介文字、说明字与数字。字的体式、大小、行距、字距、颜色、材料、是否用立体字或灯片等，必须合理考虑，统一设计版面上文字的行距与字距之比（通常是3：1或4：1）。根据展示内容的需要，选用能体现一定性格和情调的字体，以充实和丰富展示活动的整体视觉观感（图3-100）。

e.装饰。在展示空间环境中，除了道具、照明和展品之外，往往还选用平面和立体的装饰要素来增强展示的魅力。如平面的装饰画、装饰板壁、地面上的图案、柱子上的装饰牌与标志图案、墙上的广告与剪纸、隔断上的玻璃画、立体的雕塑、壁柱、陶艺、艺术品、吊挂的灯彩、折纸、旗帜、气球、绿化、园林艺术、花灯、装饰屏风、霓虹灯等（图3-101）。

⑥动态

展示设计中的动态要素指展览现场所进行的一系列的实地表演、实际操作、观众参与以及借助电动道具的展示活动，也就是由静态陈列向动态演示和观众参与型的演进。

展台、展柜、积木、展示用模特儿，大都是固定不动的静态道具，而有些道具，借助各类自动装置，可以旋转、升降或摆动，从而使展示的物品处于动态之中，变化出多种展示的角度与不同展示效果。如：

a.旋转台：通过电动机的转动，带动相关物转动。大的转台，可置汽车，小的可放各式各样的小件展品。一方面，便于观众参观，人立一面即可环顾汽车一周，无须移动半步；另一方面，提高展览摊位的利用率与使用价值，使前后左右的展品，在观众面前出现的机会均等。

b.旋转架：旋转台是在横面上转动，而旋转架，则是在纵面上转动。有的状如风车，充分利用高层空间，使之动化。有些展品，如动物玩具、运动服装和童装，利用此类旋转架展示，既可使展品生动起来，同时又吻合参观者的观赏心理，效果颇为理想。

c.电动模型：人形、动物、机器和交通工具类展品，均可做成电动模型，使之按照展示需要而动作，如穿越山洞的火车、跨越大桥的汽车、林中的鸟兽等。电动模型能以小见大，活跃气氛，给观众更真实的观感与观看的乐趣（图3-102）。

⑦音像

音像在增强展示效果、促进销售宣传方面，有着重要的作用，并日益成为展示活动不可或缺的部分。音、像、色、光的有效组合，能增加逼真感，特别是超大型的影视屏幕，不仅给人以临场感，还汇集丰富的信息含量，给人留下深刻的记忆。

音像对展示活动同样起到促进作用：

图3-100　版面中的文字设计（Tsung-JenLin）

图3-101　墙面平面化的图案处理（Tjep Architects）

图3-102　以弹珠台的形式和游戏来表现展位——展示最新照明技术的Modular灯具展场（Rotor Group）

a.音像具有丰富空间的作用。

b.调节观众情绪，控制活动节奏，从而促进展示与销售功效。如轻柔舒缓的节奏，悠扬悦耳的音乐，可令观众心情舒畅而温和安静。

c.制造与烘托展示所要求的特定气氛。不同的展览与陈列，需要不同的气氛，以给观众相应情绪的感染。如历史陈列庄严、肃穆的气氛，儿童玩具陈列欢快、纯真的气氛，时装展览新锐和浪漫的氛围情调等，对于观众参观情绪的感染，对于启发观众对展览主题和内容的理解，提高参观兴趣，减轻参观的疲劳感，都有好处。

在选用乐曲时，不仅要考虑到乐曲本身的内容、形式及其特点，更要与展览会主旨及其参观者的参观心态相吻合。如设计文物展馆时，时隐时现地播出古筝曲，令人生发出思古之幽情；在现代派艺术厅里时而有新潮乐曲回荡，能激发出人们昂奋的求新求变的心绪等。

（2）展示室内环境的设计手法

①布置

布置指展示空间中实物展品及资料的陈列与布局。展示设计中常见的手法有“中心布置法”“线形单元陈列法”“橱窗陈列法”三种。

图3-103　中心布置的展品——Les Malles Moynat商店

a.中心布置法：将重要的实物、模型或广告牌，放在展厅或展柜、展台的中央，或固定、吊挂到视线醒目区域；将主要图片、文字放在展板中央，或放在头条位置，或放在最佳视域（距地130~190 cm），都会形成视觉中心，以突出展品及主要内容，达到引人注目的目的（图3-103）。

b.线形单元陈列法：按内容要求和展品的特点，采用分段或分块、分区、分组布置展品。可以利用展厅原有的隔墙，或增设隔断，或利用标牌、照明、花草，或使用同一形态与规格的展柜、展台，组织展线，排成一字形或其他有规律的线形。

c.橱窗陈列法：用实物、照片、绘画背景来衬托主要展品，将实物展品组织成“壁面展示”“地面展示”“台面展示”“格架展示”“布景箱展示”和“空间展示”等多种形式，把展摆“活”，使展更具真实感、生活化及临场感。具体地讲，橱窗陈列类型与方法有八类：系统陈列法、综合陈列法、特写陈列法、专题陈列法、季节陈列法、节日陈列法、场景陈列法和艺术陈列法（图3-104）。

②拟人

拟人指以类似文学中的比拟、寓意或人格化、戏剧化的情节，来体现主题思想，塑造展品这一主角形象。其具体表现手法有五个方面：

a.意象：找到一种恰当的具体形象，以象征性的表现手法，隐喻某种抽象的存在。如一种观念、思想、速率、态势等，生动地表现展示活动及展品（图3-105）。

b.比拟：通过寓言故事或戏剧性情节，使展品进行“表演”，构成戏剧场面，用以说明展品的特点、用途、价值和一定的思想。设计时，要求构思巧妙合理、立意新颖、形式易懂、主题思想明确。

c.夸张：为了更典型、更真实、更集中、更充分地说明问题，可以进行合乎情理的夸张。这种忠实于现实前提下的艺术加工，能使主题思想更加鲜明，更加令人信服，更能得到观众的共鸣，因而使展示更富有感染力。

图3-104　上海规划展览馆

图3-105　通过展品的陈列表达意大利在奢侈时装品牌和音乐领域的成就——上海世博会意大利馆

d.印证：使展品与相关联的图片、物品及生活使用的场景联系起来，让它们互相呼应、补充，或得到印证，以便充分表现一些事物的连带关系和本质，或表现物品的用途，表达一定的思想。这种艺术手法能够引人注目，加深印象。

e.幽默诙谐：采用“单纯”“稚拙”的形式，或者采用变形手法，如漫画、相声或儿童画那样风趣、引人发笑、耐人寻味的手法来展示物品。用这种手法来歌颂或暴露，能引起观众的兴趣，加深印象，增强展示的感染力（图3-106）。

③抽象

抽象是通过构图、色彩搭配、造型手段、错视图形、材料质地对比和逻辑思维等处理方式，来突出展品和塑造环境。其具体表现手法有五个方面：

a.象征：通过富有魅力的构图或造型形态、色彩搭配与照明、装饰形式与纹样选择等，创造一种气氛或情调，含蓄而又恰当地表达一定的思想或观念。例如，以金字塔形的构图象征稳定太平；用金黄色象征富丽、丰收和前程似锦；用万年青图案象征江山永固等（图3-107）。

b.蒙太奇：通过对图片的剪辑与组合，使观众对事物的全貌、发展过程、性质以及与其他事物的关联，有较深的了解，在一个有限的版面上表现较多的内容。其特点是不受时间、空间、内容、地点与条件的限制，更集中、更典型地说明问题。

图3-106　采用诙谐夸张的卡通形像来表明“电”的主题展区（John Sayles，Sayles Graphics）

c.对比：通过色彩冷暖、光照的明暗、材质的比较、形体的方圆、线条的曲直、形体的长短大小与高低、装饰的繁简等的对比，使展品得到突出。这是最常用的一种艺术手法。如陶瓷、玻璃和闪光的金属展品，用表面粗糙的亚麻布、草编、绒毯和碎石子来衬托，其效果更生动、突出而富艺术感染力（图3-108）。

图3-107　夏季风、沙滩、贝壳构成了悉尼Myer百货商店春夏季商品展的装饰背景，表达了本季流行的金棕色和澳大利亚的沙滩之美（LAVA Laboratory for Visionary Architecture）

图3-108　新与旧装饰的对比，工业建筑变身为崭新的SKS自行车展室（Totems）

d.重复：运用重复手法（展品或图片、语句、标志、场景重复出现）可以达到突出某些内容和加深观众印象的目的。如标志与主题形象或广告语反复出现，贯穿始终，可使观众印象深刻。

e.错觉：根据展示设计的需要，或者依据展品的特点、季节与气候情况、环境条件、参观路线情况和减轻观众疲劳的要求，有意识地运用视错觉规律和心理学原理，利用构图、造型、色彩、装饰，再借助道具与灯光、声像等技术手段，达到特殊的视觉与心理效果。

④技术

现代技术（材料、构造、工艺）手段是现代展示设计不可缺的表现手法，作为现代设计师应充分了解和应用现有新技术，以使设计具有强烈的时代超前意识和特征，符合现代审美要求。如下几点较典型地反映了目前常用的方法：

a.在展示摊位的搭装上，一方面采用各种可拆装的展架，组装成标准摊位或有变化的摊位，拆装方便；另一方面可采用特装结构（骨架用拆装式展架，或用木材、金属材骨架），以便使摊位形态更有特点，拆装更简便。

b.展台、展柜、展墙、屏风、展架等，均采用拆装式或折叠式、拼联累叠式、整体伸缩式结构，所以能做到储存节省空间，包装运输方便。

c.在照明上，采用泛光技术、隐形幻彩墙饰、霓虹灯管、激光投影、液晶显示、程序动态照明。

d.利用半透明的镜子（镀膜玻璃）创造“魔术”般的动人效果。

e.利用动态展示（数控屏幕、多幕电影、投影录像、电脑模拟、专业表演、文艺演出、生产操作、转台或移动台面、电动图表、激光方向导引等）来营造气氛，引起观众兴趣（3-109）。

f.使用机器人做演示或导引，来吸引观众。

g.展场内交通设施多样化、现代化，尤其引入立体交通手段，更显得便捷和高信息量传递。

h.展场内的绿化与休息条件的创造，为观众更多地接触阳光、绿色植物和水体，尽快地消除疲劳提供有利条件。

总之，展示设计是一项具有独特性质且又极具综合性的系统工程，设计师必须全面剖析与研究展示设计，清楚地意识并把握住“展示的目的决定着展示的设计，设计的效果直接影响到展示的社会效应”这一基本点，才能完成一个个优秀的展示设计。

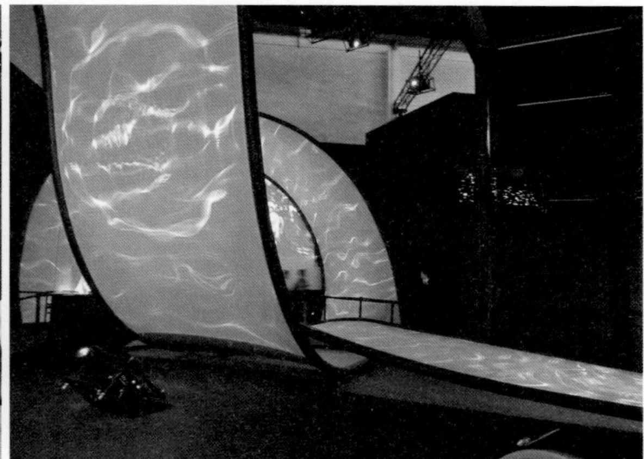

图3-109　通过动态影像展示塞纳河的人文风情——上海世博会巴黎案例馆

| 知识重点 |

住宅室内设计

1. 住宅室内设计的因素。
2. 住宅室内设计的原则。
3. 住宅室内环境的基本功能及分区。
4. 住宅室内设计各部分环境设计要点。
5. 老年人对居住环境的基本需求。
6. 简述老年人居住环境设计中应遵循的基本原则。

商场室内设计

1. 商店类别。
2. 商场室内设计的因素。
3. 商场室内设计的原则。
4. 商场室内设计的要点。
5. 商场视觉空间的流程分类。
6. 商场的陈设与界面。
7. 商场照明。
8. 对商场设计“形象与立意”的思考。
9. 商场店面设计应满足哪几方面的要求?
10. 商场家具依据用途可以划分为哪两类?

办公室内设计

1. 办公室内环境的分类。
2. 现代办公室内环境的特征，并用案例说明。
3. 办公室内环境的设计原则与要点，并用案例说明。
4. 办公功能区域构成。
5. 办公空间照明设计要点。
6. 简述现代智能办公环境的三个基本条件和特征。
7. 根据办公楼等级标准的高低，办公室内人员常用的面积定额是多少?

展示室内设计

1. 展示设计的意义。
2. 展示设计的特征。
3. 展示设计的原则。
4. 展示设计的环境构成要素。
5. 展示道具设计的原则和要求。
6. 展示照明设计中，展柜的亮度要求。
7. 展示照明设计的基本原则。
8. 展示设计的色彩要素。
9. 展示的版面设计主要有哪些内容?
10. 展示室内环境的设计手法。

| 作业安排 |

理解和掌握室内各主要空间类型环境设计的要点和方法，结合优秀案例进行分析，并进行设计实践。

| 拓展练习 |

1. 住宅空间的室内设计一

项目条件：面积100m^{2}的住宅原始平面图。

设计内容：平面布置图一张、立面图一张、效果图一张。

设计要求：

（1）在给定的平面上完成布置图，包括划分功能空间，布置家具设施，地面材质（比例1：100）；

（2）画出一个主要立面图，如：电视墙，标明色彩、材质比例1：50；

（3）完成彩色效果图一张；

（4）制图规范，表现手法不限。

2. 住宅空间的室内设计二

项目条件：面积85m^{2}的住宅原始平面图。

设计要求：为一对年轻夫妇设计住宅室内空间，功能完善，风格典雅、简洁。

设计内容：平面布置图一张、顶棚布置图一张、立面图一张、效果图一张。

设计要求：

（1）根据提供的原始测量图纸，重新布置室内环境功能空间。面积分配合理，使用方便；

（2）在功能区的基础上布置家具、设施等，平面布置图一张，顶棚布置图一张（比例1：100）；

（3）画出一个主要立面图，标明色彩、材质，按照制图规范标注（比例1：50）；

（4）完成彩色透视效果图一张，表现手法自定，透视准确，风格明快。

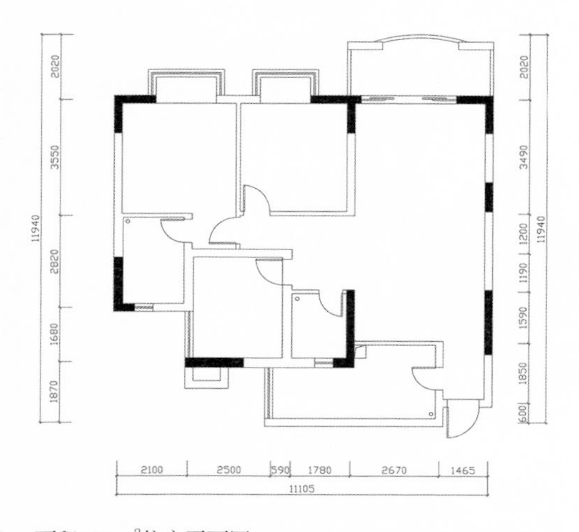

面积100m^{2}住宅平面图

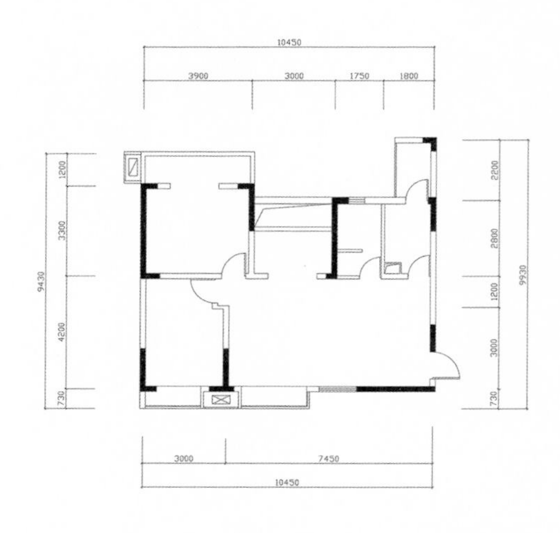

面积85m^{2}住宅平面图

4 室内系统化环境设计
——星级饭店环境设计

4.1 饭店设计概述

4.1.1 饭店设计的基本概念及分类

（1）饭店设计的基本概念

饭店是现代生活中不可缺少的功能配置，它主要为旅客提供住宿和餐饮的服务，同时，也是集住宿、餐饮、娱乐、会议、购物等于一体的综合性场所。

饭店环境设计是一个系统化的设计流程，设计师需要具备多种功能环境间的总体策划、相互协调，以及整体控制的综合设计能力。本章借助星级饭店这个典型的系统化环境为对象展开教学，以期通过学习，掌握各星级饭店构成规范及技术标准，认识不同功能环境的个性化塑造与整体风格的把握，局部环境与建筑整体环境的协调关系等内容，进而提高设计师的综合塑造空间的能力，形态、色彩、光、材料、技术运用的把握能力，立足整体控制的创新与应用能力等。

（2）饭店的分类

饭店是按使用功能、经营方式、建造环境等因素进行分类。通常情况下的分类见表4-1：

表4-1 饭店分类表

分类特征	名 称			
功能	旅游饭店 体育饭店	商务饭店 疗养饭店	会议饭店 中转饭店	会员饭店 汽车饭店
标准	经济饭店	舒适饭店	豪华饭店	超豪华饭店
规模	小型饭店	中型饭店	大型饭店	特大型饭店
经营	合资饭店	独资饭店	—	—
环境	市区饭店 乡村饭店 市中心饭店	机场饭店 名胜饭店 游乐场饭店	车站饭店 矿泉饭店	路边饭店 海滨饭店
其他	公寓饭店	度假饭店	综合体饭店	全套间饭店

一般情况下，旅游饭店是以接待旅游客人为主的饭店，以住宿、餐饮为主，其他设施为辅。商务饭店是以向商务贸易人士提供食宿及商务行为服务为主的饭店。会议饭店是举办各种会议的饭店，具有一定数量的大中小会议厅、学术报告厅、洽谈室和新闻发布厅，还有国际水平的客房和服务条件。市区饭店指建造在城市里的饭店，其用途为接待宾客、供商务、旅游、会议、探亲等人员使用。“综合中心”，包括饭店、办公、公寓、会议、展览、商场等，似一个小型社会，规模巨大，成为城市设计的一部分（图4-1）。

图4-1 南海滩W度假酒店

图4-2 深圳君悦酒店（威尔逊室内建筑设计公司，超级土豆设计公司）

4.1.2 饭店的等级、规模与指标

（1）饭店的等级

国际上通常按饭店的环境、规模、建筑、设施、装修、管理水平、服务项目与质量等具体条件划分旅馆等级。我国国家质量监督检验检疫总局2010年颁布了《旅游饭店星级的划分与评定》国家标准，基本与国际同行接轨，按一星到五星划分饭店等级，其中五星级标准最高（图4-2）。

（2）饭店的规模

饭店的规模，通常用标准客房的总间数来衡量。其中客房在1 000间以上视为特大型饭店；500~1 000间视为大型饭店；200~500间为中型饭店；200间以下为小型饭店。饭店中的各种套房，可视各套所实际占用的标准间多少进行折算。

（3）饭店的面积指标

饭店通常用标准间客房平均建筑面积数来计算总建筑面积。五星级为80~100 m^2，四星级为74~80 m^2，三星级为66~72 m^2，二星级为48~56 m^2，一星级为50 m^2以下。

饭店的客房楼层常占总建筑面积的45%~60%，规模大小有所浮动，但每标准间平均建筑面积数越大，则意味着公共及附属用房拥有的建筑面积数越大，这样其公共厅堂必然较大，设施越齐全，饭店的标准就越高。

饭店的双床标准客房的净面积（不包括卫生间面积在内）是星级标准中很重要的一个标准（表4-2）。

饭店各功能用房的面积比例指标，一般如表4-3所示。

表4-2　星级饭店双床标准客房净面积列表

五星	23~25 m²
四星	21~23 m²
三星	18~20 m²
二星	15~18 m²
一星	<15 m²

表4-3　饭店各功能用房面积比列表

总建筑面积	100%
客房和出租部分	45%~60%
大堂接待等	6%~9%
商店、康乐	8%~12%
餐饮	11%~18%
行政后勤	8%~13%
机房维修	7%~13%

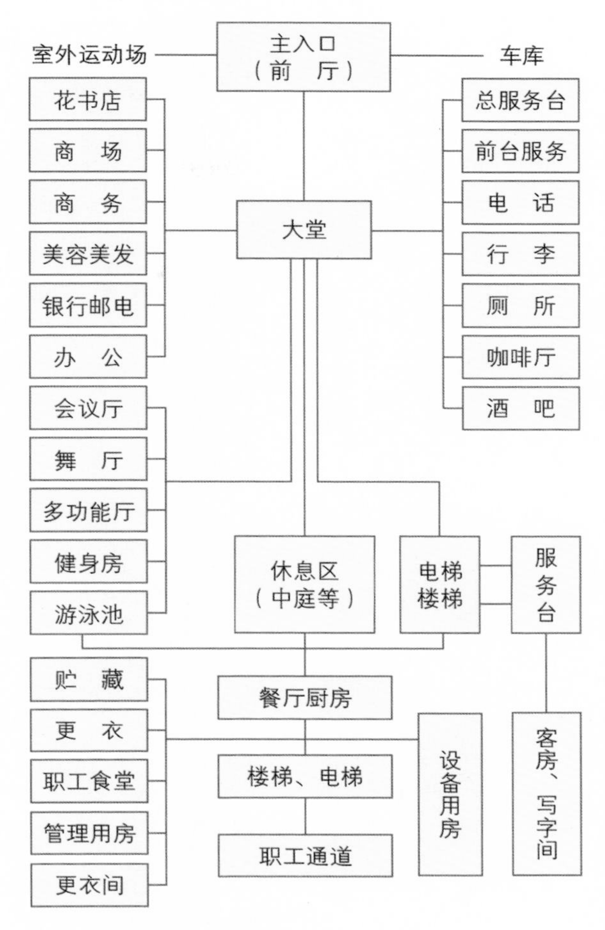

图4-3　饭店基本功能空间组成图

4.1.3　饭店的功能、流线与布局

（1）饭店的功能

①饭店的基本功能是向旅客提供住宿与膳食。现代旅馆不论类型、规模、等级如何，其内部功能均遵循分区明确、联系密切的原则，一般可分为入口、接待、住宿、餐饮、公共活动、后勤服务管理六大部分。

②现代城市饭店融社会交际、文化交流、信息情报传递等一体化的功能，宛如城中之城，分类众多，服务对象多元，如设置美容保健系列服务、健康俱乐部、会员制俱乐部、娱乐沙龙或中心、出租办公室、商务服务中心、购物中心或商店及展厅、剧场、会务中心等。

③高层饭店的竖向功能一般可分为地下室、低层公共活动部分、客房层、顶层公共活动部分、管理设备用房五个部分。横向功能一般可分为公共环境区和私密环境区两大性质的区域环境（图4-3~图4-5）。

饭店因其规模、类型、等级标准、环境条件及营销战略的差异，其功能空间组织也略有不同，或重视餐饮的配置，或重视商务功能的设置，或重视客房的容量等，各具特色。

（2）饭店的流线

饭店的流线从水平到竖向，分为客人流线、服务流线、物品流线和信息流线四大系统。其中应考虑残疾人轮椅通道尺度，即最小宽度65 cm，运行宽度90 cm，上下车合理宽度140 cm（图4-6）。

（3）饭店的总平面布局

①饭店的总平面是处理与饭店有关的人、物、环境三者错综关系的总体规划与设计。其设计不是一成不变的，同样，饭店总平面的组成也不是一成不变的，它随基地条件及饭店等级、规模、性质的不同而变化。一般饭店总平面由饭店建筑本身及小广场、道路、停车场、庭园绿化与小品、室外运动

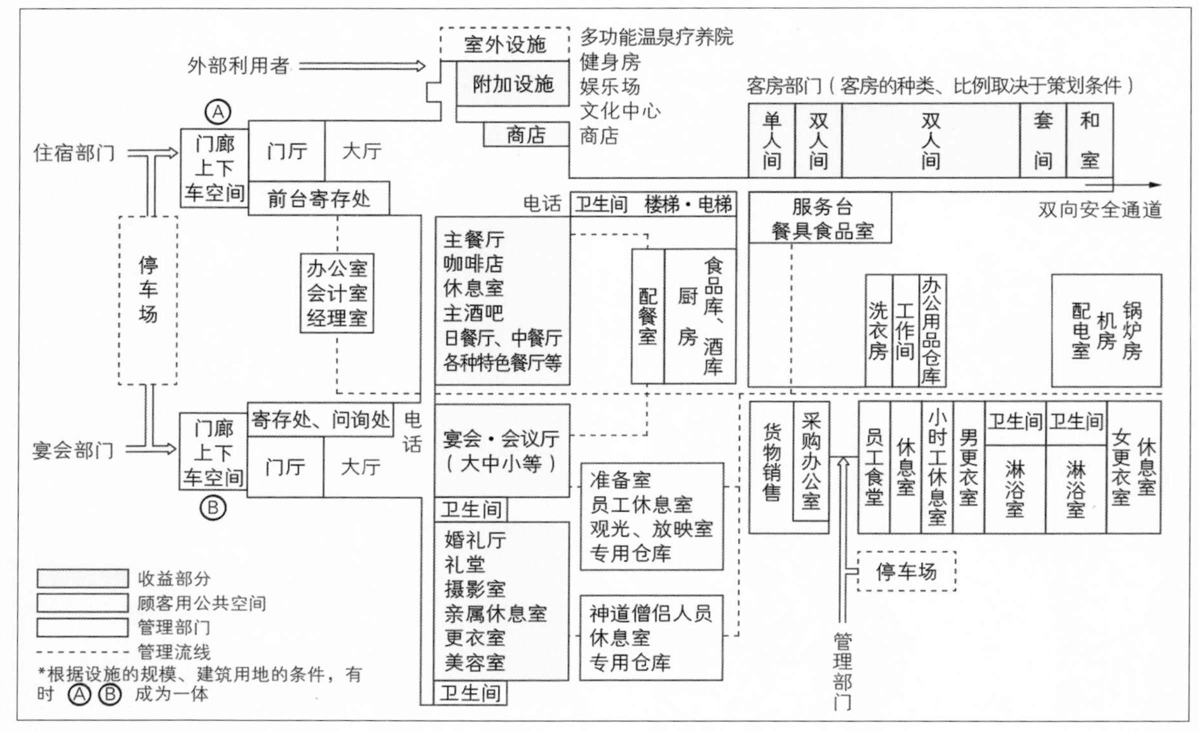

图4-4　饭店组成图

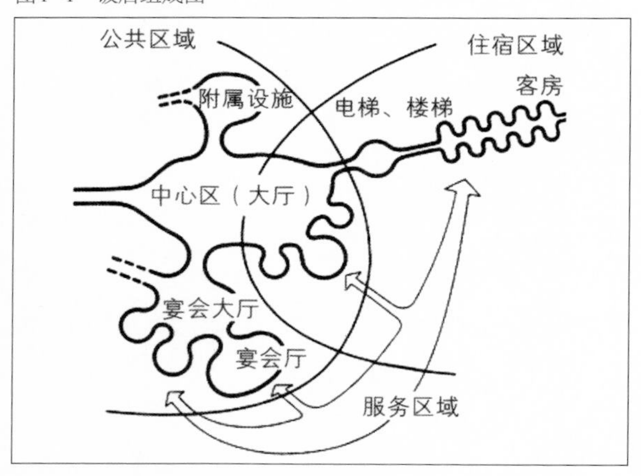

图4-5　饭店分区之间关系图

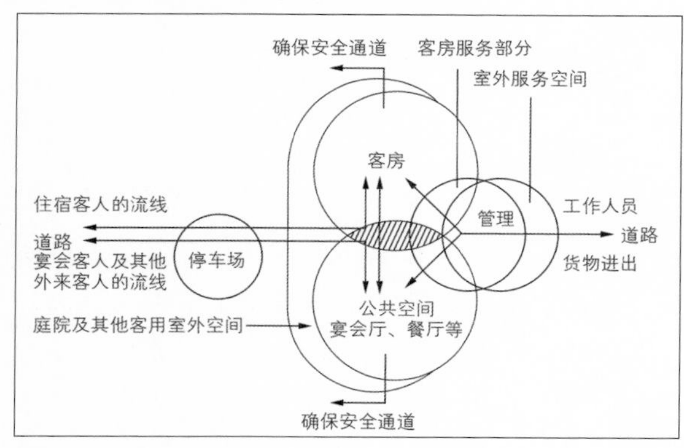

图4-6　区域间流线关系图

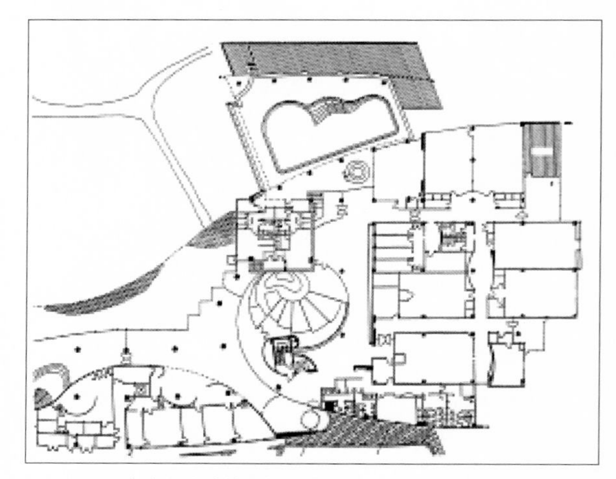

图4-7　具有海洋疗法特点的健身饭店（平面布局图）

场地和后勤内院等组成（图4-7）。

②饭店总平面布局可分为：分散式布局、集中式布局和分散与集中相结合的布局。因地制宜、因势制宜是总平面布局的基本要求（图4-8）。

a.分散式布局，适用于宽敞基地，各部分按使用性质进行合理分区，布局须紧凑，道路及管线不宜太长。

b.集中式布局，适用于用地紧张的基地，须注

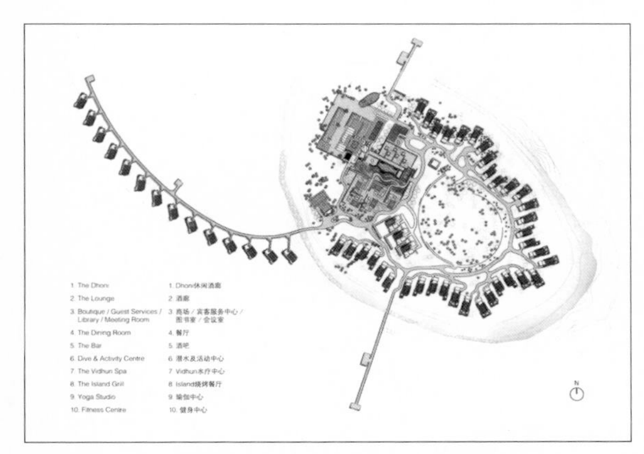

图4-8　马尔代夫柏悦酒店总平面图（SCDA建筑事务所）

图4-9　传统、复古的费城艾美酒店

意停车场的布置、绿地的组织、泳池的位置及整体空间效果。

c.分散与集中相结合的布局。

高星级饭店门前的停车道宽度，至少要考虑两车道，最好是三车道。饭店还应根据需要设置数量足够的停车位，一般可考虑每100间标准客房设车位25~45个，其中1/4~1/3应设在地面上。

4.1.4　饭店环境设计的特征

饭店通常以环境优美、交通方便、服务周到、独具风格而吸引消费者。对于饭店环境设计，各饭店因条件和类别的不同而各异。但在反映民族特色、地方风格、乡土情调及现代化设施设备等方面，均应精心考虑，使入往者除享有舒适生活环境外，还感受到异国他乡民族文化、地域风貌，扩大视野，增加新知识，从而给予入住者以知识性、游憩性、体验性和健身性等内涵。饭店设计具有以下特征（图4-9）。

（1）系统化

即强调内在关联性、配套性、逻辑性和趋同性。表现在饭店环境设计上就是要求从内外空间规划、功能设置到形式构成等方面体现出内在的连贯性、整体性、条理性和融汇性特征。这是不同于单一功能环境设计之所在，同时也是设计师应牢牢建立的思想观念。

（2）功能性

成功的饭店设计首先要满足使用功能，这一点必须与国际接轨，具有同国际相同的规范、相同的标准。

（3）地域性

饭店的精神取向总是离不开地域性，即在设计上要吸引本地的、民族的、民俗的风格以及本区域历史所遗留的种种文化痕迹。地域性的形成有三个主要因素：①本地的地质地貌环境、季节气候；②历史遗风、先辈祖训及生活方式；③民俗礼仪、本土文化、风土人情及用材。正由于以上的因素，才构架出今天饭店设计地域性的独特风貌。在饭店的设计中，通常采用“扩展传统设计”与“对传统元素的重新诠释”两种方法。

（4）文化性

饭店多元化设计思潮的今天，文化性的介入已不可避免，其介入的方式是多重性的。饭店通过环境概念的设计、空间设计、色彩设计、材质设计、家具设计、灯具设计、陈设设计，均可产生一定的文化内涵，达到一定的隐喻性、暗示性及叙述性。其中陈设设计最具表达性和感染力，如在各类家具上陈设的摆设瓷器、陶罐、青铜、木雕，墙壁上悬挂有特点的绘画作品、图片、壁挂等。这类陈设品从视觉形象上最具有完整性，既表达民族、地域、历史的文化性特征，又极具审美价值，这是目前国内外最常用的手法，也是饭店设计成功的因素所在（图4-10）。

图4-10 富于地域色彩的传统装饰元素在现代设计中的衍生——埃及索菲特酒店

（5）人性化

“宾至如归”，充满人情味、人性味，也常是饭店设计的重要内容。不少饭店按照一般家庭的起居、卧室式样来布置客房，并以不同国家、民族的风格装饰各种情调的餐厅、休息厅等，来满足来自各地区民族、国家旅客的需要。它不但极大地丰富了建筑环境，也充分反映了旅客生活方式、生活习惯的关怀和尊重，使旅客感到分外亲切和满意，体现出“以人为本”的设计理念（图4-11）。

图4-11　丽晶清迈度假饭店（John Lighbodody）休息厅及套房

4.2　饭店的公共环境设计

饭店的公共部分历来是饭店室内设计的重点，一般情况下，该部分空间占建筑面积的近一半，这部分空间又是最先与旅客、社会公众接触，并提供服务的空间环境，其形象、氛围及设施直接影响饭店的声誉和地位。同时，它也是饭店营销与设计理念建立及实施的第一对象和反馈点。因此，饭店公共环境设计不容轻视（图4-12）。

4.2.1　公共环境的内容及指标

（1）内容

①门厅、休息厅、总服务台、前台管理。

②会议厅（室）、商务中心：大、中、小会议厅，可作会议、新闻、宴会用的多功能厅、结婚礼堂、商务中心。

③商店：各类商店营业厅与库房、理发厅、美容厅、鲜花店。

④健身、娱乐设施：游泳池、各类球场球室、健身房、蒸汽浴室、按摩室、舞厅、卡拉OK厅、电子游戏及其他娱乐室、更衣间、卫生间、服务间。

⑤其他：展厅、陈列廊、剧场、教室、医务

室、俱乐部、会员制沙龙。

（2）指标

公共部分的面积指标是饭店建筑综合指标的一部分，以每间客房平均的公共面积作为公共部分面积指标。我国《饭店建筑设计规范》规定，公共部分面积指标为：一级旅馆6 m^2/间（相当于五星级），二级旅馆5 m^2/间（相当于四星级），三级旅馆3 m^2/间（相当于三星级），四级旅馆2 m^2/间（相当于二星级）。公共部分面积指标不含餐饮部分。

4.2.2 大堂设计

（1）大堂的功能及指标

饭店大堂由入口大门区、总服务台、休息区及交通枢纽（电梯、楼梯等）四部分组成。其功能设施有：①总服务台，一般设在入口附近且较明显的地方，使旅客入厅就能看到，总台的主要设备有：房间状况控制盘、留言及钥匙存放架、保险箱、资料架等。②大堂副经理办公桌，布置在大堂的一角，以处理前厅业务。③休息座，作为旅客进店、结账、接待、休息之用，常选择方便登记、不受干扰、有良好的环境之处。④有关饭店的业务内容、位置等标牌，通讯及宣传资料的设施。⑤供应酒水小卖部，有时和休息座区结合布置。⑥钢琴或有关的娱乐设施。⑦行李存放、运送设施。⑧电话设施。⑨通向各处的楼梯、电梯或自动扶梯。⑩卫生设施。

我国《饭店建筑设计规范》指出：大堂内应设服务台、休息会客等空间面积，一、二级饭店（四、五星级）应有银行、邮电、行李处、公共盥洗等设施。一般饭店门厅面积宜0.5 m^2/间。一、二、三级饭店门厅面积0.8 m^2/间。当饭店规模超过500间时，超过部分按0.1 m^2/间计。建成一、二级饭店大堂指标为0.9~1.0 m^2/间、三级饭店为0.7~0.8 m^2/间、四级饭店为0.5~0.7 m^2/间、五级饭店为0.3~0.5 m^2/间。

国外大、中型饭店大堂日益社会化。门厅结合中庭或休息厅成巨大空间时，还可在其间布置各种公共活动项目（图4-13~图4-15）。

图4-12　充满互动性的哥印拜陀艾美酒店的大堂吧（Seema Sreenivasan）

图4-13　具有传统色彩的杭州西溪悦榕庄大堂吧

图4-14 惠州金海湾喜来登度假酒店

图4-15 澳门君悦酒店大堂休息区（super potato）

图4-16 西泰第五大道嘉佩乐酒店大堂（Gwathmey and Siegel Arthitects）

图4-17 简洁、现代的香港东隅酒店大堂（思联建筑设计有限公司）

图4-18 上海东方佘山索菲特大酒店服务台（SRSS，Belt Collios）

（2）各功能项设置

①总服务台

总服务台是饭店大堂中的主角，是联系宾客和饭店的综合性服务机构，负责宾客同饭店各部门的联系和饭店内部各部门之间的业务联系及饭店同外单位的联系，是饭店业务活动的枢纽（图4-16~图4-18）。其服务设施及内容有：

•订房分房，负责饭店客房的预订和现订，安排客房，办理住宿手续，报告客房出租情况，保管客房钥匙。

•接待对外委托租赁业务。如对外承办宴会、舞会、展览与供应食品。

•负责与客源单位或客源介绍单位及车、船票的发售单位等内外联系。

•问讯。

•收发报纸、邮件。

•贵重物品保管。

•账务。

•外币兑换。

•前厅接应。如对重点客人的接应。

•汇总饭店的营业情况。

•调度饭店各种业务活动。

•音讯递送。

总服务台的尺寸标准如表4-4所示：

表4-4　总服务台的尺寸标准

客房/间	柜台长度/m	服务台面积/m2
50	3.0	5.5
100	4.5	9.5
200	7.5	18.5
400	10.5	30.0

②行李存放、运送设施

在豪华的饭店中，行李的搬运一般不通过大堂，而是从大堂旁边专设的行李出入口进出。行李出入口附近应有行李存放室，最好应有与客房直接联系的垂直交通工具。它主要用来存放尚未办好手续及已退出客房、准备离去的旅客们的行李。行李员的服务位置必须靠近总服务台，同时在这里能够用视线控制入口大门和大堂各处，行李搬运员或其领班的位置也必须与服务台、出纳、行李存放室及车库有方便的联系。应设旅客短时间寄存行李物品的贮放面积，为了安全，这部分面积应严加保管，并且和疏散时的交通路线分开。

③电话区

电话区的设计要实用，最基本的是要有隔音或隔挡措施。电话室常设在接待处或问讯处的柜台上，或大堂内专门设制的台子上。应该安放两部以上内线电话机，以方便旅客在饭店内部的互相联络。此外，在台面上还可摆设一些小物品，供通话时作记录用。

④电梯间

电梯间是首层大堂空间的延续，应选择在旅客进入大堂便可以看到的地方，电梯应与楼梯靠近，供旅客选择使用或供紧急情况时使用。

图4-19　深圳丽思卡尔顿酒店电梯间（HBA）

电梯间的宽度至少比附近走廊宽度大1/3，以便容纳等候电梯与进出电梯的旅客。可以在电梯间内设置烟灰缸、镜子陈列品及特殊用休息坐椅等，但不应妨碍交通，其照明线路应与走道分开，最好采用照明度高的局部照明。将电梯成行排列布置时，每排电梯最多不超过5台，双面排列电梯群的电梯间所需面积，取决于电梯轿箱的容量，但对于客房部分的交通来说，电梯间宽度为3.5 m，公共部分的电梯间宽度一般为 4.2 m。

为饭店各个特定区域服务的电梯以及到屋顶餐厅的高速电梯也用成组的设置方法，便于识别。地下车库的电梯通常与饭店的主要交通部分分开，其上行终点为入口大堂。客房电梯一般按客房最多人数的10%来设计，为餐厅服务的电梯应按餐厅最多人数的12%～14%来设计，供会议厅及宴会厅使用的电梯则应将容量设计得更大一些，以满足乘客集中使用的情况（图4-19）。

⑤公共卫生间

卫生间是一栋建筑、一个企业乃至一个国家文明程度和管理水平的缩影，设计时应足够重视。

a.布局。大堂公共卫生间位置既要隐蔽又要易于识别找寻。卫生间的门即使开着也不能直视厕位，这是保护隐私的需要。设计应着重考虑清洁卫生和公共的需求，还应单独设置残疾人专用厕位及标识。

b.尺度。卫生间设计要符合人体工程学原理，其面积、厕位小间尺寸合理、洁具布置合理。厕位小间的标准尺寸为900 mm×1 200 mm（门向外开）与900 mm×1 200 mm（门向内开）；洗手盆的标准中距尺寸为700 mm；小便斗的标准中距尺寸为700 mm，一般不宜少于650 mm。配置有烘手器等。

c.照明及陈设。卫生间的照明设计也很讲究，不仅有整体的环境照明，还有厕位的局部照明。厕位部分的照明有灯带式的和一位一灯的点式照明。洗手盆处的照明应满足化妆要求。选用灯具的色温和照明，也应使人有舒适感。卫生间内摆一些花草、盆栽，墙面上可以挂一些装饰画，还可配上背景音乐，摆一些香料，增加空间的文明和温馨气氛（图4-20）。其设备配置标准见表4-5。

表4-5 星级饭店公共卫生间设置标准

卫生器具数量	男	女
厕位（最少限度）	每100人一个	每50人2个
便池	每25人一个	/
洗脸盆	每1～15人一个 每16～35人两个 每36～65人三个 每65～200人四个 每增加100人增加3个	洗脸盆的设置标准与男士部分同

图4-20 成都岷山饭店公共卫生间设计（杨邦胜）

（3）设计原则

大堂的设计原则，具体有以下几个方面：①饭店入口处宜设门廊或雨罩，采暖地区和全空调旅馆应设双道门或玻璃旋转门。②室内外高差较大时，在采用台阶的同时，须设置行李搬运坡道和残疾人轮椅坡道（坡度为1：12）。③大堂各部分必须满足功能要求，互相既有联系，又不干扰。公共部分和内部用房须分开，互有独立的通道和卫生间。④大堂必须合理组织各种人流路线，缩短主要人流路线，避免人流互相交叉和干扰。⑤总服务台和电梯厅位置应明显。总服务台应满足旅客登记、结账和问讯等基本空间要求。⑥大型或高级饭店行李房应靠近总服务台和服务电梯，行李房大门应充分考虑行李搬运和行李车进出宽度要求。⑦大堂设计需满足建筑防火规范的要求（图4-21、图4-22）。

图4-21　酒店入口门廊的设置

图4-22　酒店大堂公共区域设计

图4-23　通透的大堂顶棚，当夜幕降临时，夜色与灯光相互融合，呈现和谐的完美景象（Perter Silling and Associates）

（4）设计要点

大型饭店的大堂是旅客获得第一印象和最后印象的主要场所，是饭店的窗口，为内外旅客集中和必经之地，因此，大多数饭店均把它视为室内设计的重点，集空间、家具、陈设、绿化、照明、材料等之精华于一体。很多把大堂和中庭相结合成为整个建筑之核心和重要观景之地。

①空间布局

饭店的大堂空间布局，可根据前厅外围结构的“围”与“透”分成封闭和开敞两种布局形式。此外，根据其大厅内活动的内容和方式，又可以有规则和自由两种布局方式。一座饭店的空间组织，往往是这几种布局形式的综合，它们根据不同的功能、内容，既有分割又有联系。

开敞式空间形式一般表现为大堂内各部分之间的空间流通，它常常借堂内的列柱、连续的大玻璃窗、镂空的花墙、栏杆、屏风、卷帘、帷幔、家具陈设和绿化布置等来分隔和联系室内空间，丰富大堂的空间艺术，使大堂内气氛爽朗、轻快，化有限的空间为无限的空间环境。开敞式大堂的艺术特点是：以“透”为主，曲折幽深，玲珑剔透，富有自然情趣（图4-23、图4-24）。

②延伸与扩大

大堂的空间层次大都是欲扬先抑，使之达到以小衬大的空间过渡。空间感的扩大首先要求大堂外围护体在技术上有通透处理的可能性，这时就要求设置水平连续的大玻璃窗、角窗等，达到减弱“围”、增添“透”的效果。其次为了扩大厅内视野，主要是凭借墙面、天花板和地面的延伸感，尽量减少甚至消灭形成“围”的死角，达到化有为无、隐蔽界限、延伸视野的境地。还可以运用前厅内的悬空楼梯、悬挂花草植物，陈设字画等构成垂直向空间的延伸和扩大。可见扩大前厅空间，可以借助于水平和垂直等多种空间层次的交融渗透（图4-25、图4-26）。

③空间分区

大堂内常常可划分几组不同的活动区域，功能上形成有分有合的联系空间，这种布局方式有利

图4-24 开敞式大堂设计

于提高大堂内部使用效率，处理得好往往可以使前厅面积更加紧凑，空间形象更加活泼丰富。如大堂中的休息等候面积应集中，布置在靠近内侧的盥洗室或饮食、商店部分，可以用升高或降低地面水平高度或地面铺设不同的材料和不同色彩处理，或是用盆栽花木来同前厅的其他部分分隔，为旅客或来访者开辟出一个比较安静优雅的区域。而前厅的总服务台、行李间、兑换外币等对外办公设施应排列布置在一个条形区域内，使办理入住手续或结账的旅客一目了然、方便迅速地办理好各种手续（图4-27、图4-28）。

④空间的均衡与指向

空间均衡的构成有赖于厅堂内空间各个局部的形体、色彩、质感所表现的轻重体量和部位安排恰当，有赖于各构件本身形体的匀称，有赖于整体风格、结构体系、尺度感的一致性。在设计大堂时还应注意其空间形象的指向性和引导性，以利于组织人流、交通，使人们对室内的活动分区一目了然，易于发现，找到出入路线。尤其是残疾人专用通道要给以特别标识。

在设计中常运用构图手法来区分出室内空间的主次关系，如可借助于天花板、墙面和地面不同质地的饰面材料或不同繁简的装饰艺术来区分出主要方面和次要方面。人们在大堂内的活动是：旅客从大门进入大堂，找座位稍歇，安排行李，进行登

图4-25 奔放、流畅的大堂（IVAN DAI）

图4-26 空间纵向的延伸感（HBA）

图4-27　石梅湾艾美度假酒店——安静优雅的大堂休息区（易道环境规划设计有限公司）

图4-28　大堂的休息区

记，再通过电梯、扶梯通向客房。退房旅客路线与此相反。于是有意识地把有指向性的空间构图连续组织起来，就形成了空间群组中的引导路线。如进入大堂的入口、大厅与走廊的转折点、楼梯口、地形起伏的交会处、台阶、坡道的起止点等，要设置鲜明的向导符号，以形成明确的空间诱导路线（图4-29、图4-30）。

4.2.3　中庭设计

（1）中庭的布局

饭店的中庭借鉴传统的院落式建筑布局，其特点是形成位于饭店建筑内部的室外空间景色即内庭，这种与外界隔离的绿化环境，更显得精炼诱

图4-29　功能指向明确、空间组织简洁的饭店大堂（HKS）

图4-30　墨尔本希尔顿酒店大堂

人，它既丰富了生活，又增添了饭店的休闲乐趣。庭院居中，围绕它的各室自然分享其庭院景色，这种布局形式，在现代饭店建筑中广为运用。饭店的酒吧、西餐厅布局常与中庭环境相联系，也有大堂、休息厅、中庭三位一体的布局，有些中庭还设计成内外空间沟通伸展的构造形式，成为极富生命力的共享空间。

（2）中庭的作用

饭店合理的中庭绿化设计应既能接纳一定的

阳光照射，又能起到减弱太阳光的辐射热，降低气温，净化空气，减少噪声，丰富观赏，改变小气候和调剂室内生活等作用。由于绿化艺术和鸟语花香的自然情趣，使人们在视觉、嗅觉和心理等各方面，都能获得对大自然美的充分享受与领略。

（3）中庭的设计特点

中庭的设计特点体现在：①室内与室外相结合，自然与人工相结合；②空间与时间的变化，静中求动；③富有强烈的文化底蕴和审美价值；④符合人的心理需要，营造清静的休息环境；⑤充分展现生态、绿色、可持续发展的现代设计理念。

（4）中庭的造景手法

中庭的造景手法包括：①主景的确立。绿化主景起控制主调的作用，它是核心和重点。主景常设在空间轴线的端点和视线的焦点上。②配景的衬托和呼应。③室内绿化置景中位于整体空间中的视线端点所形成的景观为对景。互为对景的手法具有相互传神的自然美。对景的设计适应于大型的饭店和观赏空间。④分景的处理手法是将绿化景观用于分隔空间。分景分隔应达到景观的视线延伸，似隔非隔，隔而不断，达到深远莫测的艺术感染效果。⑤漏景是使景观的表现产生若隐若现、含蓄雅致的构景方法，让人领略景外有景、意外生意的妙趣。

在饭店中庭设计中，往往根据空间大小、位置特点、形状走势、功能作用和创意理念来综合构思，使中庭空间设计有理有据，整齐划一，景情互动，妙趣横生（图4-31~图4-33）。

4.2.4 其他公共设施设计

（1）商务中心

这是为满足商务人员的需要而设立的一项现代化的服务设施。商务中心内应设有打字、电传、录音、网络中心、国际直通电话等现代化办公设备。在高级饭店，商务中心配有精干的秘书供商务人士雇用，这样使那些单独一人外出的商务人士或新闻工作者感到方便，从而提高了饭店的等级与声誉（图4-34）。

（2）购物中心

这在饭店众多的综合服务项目中占有较大的比重。饭店的购物中心是根据旅客的心理因素、本地资源和旅游活动的特点，以满足客人的购物要求而提供旅游商品和日常用品的场地，使旅客不出店门

图4-31 中庭空间（一）集大堂、酒吧、西餐厅、休息岛于一体的饭店中庭（Brisbane, Queensland）

就可以买到称心如意的商品。购物中心可以给饭店带来可观的经济效益，因而是一项不可少的服务项目（图4-35）。

（3）会议中心

饭店高级的会议中心应设有幻灯、音响、放映和投影等设备，还应配置同声传译等高级会议服务项目。会议中心除设有一个大会场外，至少还要考虑会议的多层次需要，设立大、中、小会议室及休息室（图4-36~图4-38）。

图4-32 酒店中庭

图4-33 西安威斯汀博物馆酒店（如恩设计研究室）

图4-34 酒店商务服务中心

图4-35 精品购物商店（伯格米特设计工作室）

图4-36 配有高科技视听设备的会议室

图4-37 纽约官五星级酒店礼堂

图4-38 会议中心

4.3 饭店的客房设计

4.3.1 客房的功能与指标

享受饭店的客房服务是宾客入住的主要目的，也是饭店成功经营的基础，同时饭店客房也是最具私密性的空间场所。饭店客房应有良好的通风、采光和隔声措施以及良好的景观衬托。旅客在客房中的行为分别为休息、眺望风景、阅读、书写、会客、听新闻、听音乐、看电视、用茶点、贮藏衣物食品、沐浴、梳妆、睡眠以及与饭店内外的联系等（图4-39、图4-40）。

（1）睡眠

床是保障睡眠的基本条件，其尺寸规范如表4-6。

表4-6　星级饭店床的尺寸标准

名　称	尺寸/mm（宽、长、高）
单人床	1 000×2 000×450～500
	1 100×2 000×450～500
	1 150×2 000×450～500
双人床	1 350×2 000×450～500
	1 400×2 000×450～500
皇后床	1 600×2 000×450～500
	1 800×2 000×450～500
国王床	2 000×2 000×450～500

客房内的床还应该配置相应的床头柜。床头柜的功能有：电视机开关、广播选频、音量调节、床头灯、房间灯开关、脚灯、电子钟、定时呼叫、市内电话及国际直拨电话等。床头柜宽度一般为600 mm，中低档饭店客房的床头柜宽度可为500 mm。在双人床间，床两边设床柜，其宽度约500 mm，高度与床相配，常在500～700 mm。

（2）书写

客房内的书写台常与电视柜、物品存放台组合在一起，设在床的对面区。长条形的写字台宽500～600 mm，高700～750 mm，长至少1 000 mm，如电视机也置其上，则长度需1 500 mm左右。另一侧为长750～900 mm的固定行李柜，供旅客开箱取物。写字台兼作化妆台时，墙面贴镜面玻及装镜前灯，镜子上沿离地高度不小

图4-39　丽江悦榕庄酒店客房

图4-40　澳门悦榕庄酒店客房

于1 700 mm。同时配置一把高430～450 mm的凳子或椅子，不用时可置写字台下面。

（3）起居

配置有休息座椅一对或沙发与茶几（咖啡桌）。常设在窗前或其他位置，供客人眺望、休息、会客或用餐，茶几直径为600～700 mm（图4-41）。

（4）贮藏

配置有壁柜或箱子间，用以贮存衣服、鞋帽、箱包等。一般双床间壁柜进深500～600 mm,常位于客房内走廊一侧，即卫生间的对面。

（5）卫生间

①功能与指标

客房卫生间最基本的功能是提供洗脸盆、坐便器、浴盆等满足客人盥洗、梳洗、如厕、淋浴等个人卫生要求。现代饭店客房卫生间已成衡量客房和饭店等级的重要内容之一，其舒适程度涉及面积大小、设备设施的种类与先进程度等（图4-42、图4-43）。国际常用卫生间标准如表4-7所示。

表4-7　国际常用卫生间标准

卫生间设备	最小面积/m^2	舒适面积/m^2
3件（盥洗盆、浴盆、坐便器）	3.7	5.6
4件（盥洗盆、浴盆、坐便器、妇洗器）	5.6	7.8
5件（盥洗盆、浴盆、坐便器、妇洗器、淋浴）	7.8	9.3

我国《饭店建筑设计规范》中规定标准较低的客房卫生间净面积指标为：一级饭店4.5 m^2，二级饭店4 m^2，三级饭店3.5 m^2，四、五级饭店3 m^2。

②卫生间设施配置

有如下几类：洗脸台、坐便器、淋浴三件；洗脸台、坐便器、浴缸或淋浴四件；洗脸台、坐便器、浴缸、妇洗器、淋浴五件；洗脸台、坐便器、浴缸、妇洗器、淋浴、按摩冲浪式浴池等，同时还有卫生纸盒、梳妆台、大镜面、存物架、吹风等设施。要求高的卫生间，将盥洗、淋浴、便器分隔设置，体现出独立功效的高档价值。

浴缸尺寸分大、中、小三种，其具体尺寸

图4-41　澳门君悦酒店客房（Super Potato）

图4-42　悦榕庄酒店客房卫生间（101客房）

图4-43　澳门君悦酒店客房卫生间（Super Potato）

如下：

大号：长1 680×宽800×深450（mm）。

中号：长1 500×宽750×深450（mm）。

小号：长1 200×宽700×深550（mm）。

坐便器尺寸一般为：宽360～400 mm、长720～760 mm，前方需留有450～600 mm的空间，左右需有300～350 mm的空隙，常用虹吸式低噪音坐便器。妇洗器尺寸比坐便器略小。

洗脸盆尺寸一般为550 mm×400 mm左右，盆面离地高度约750 mm，盆前方须留500～600 mm空间。

现代舒适级饭店将洗脸盆与化妆台结合起来，洗脸盆常嵌于宽550～600 mm的化妆台中，台板上可供旅客放自带的各种梳洗、化妆用品，也供饭店客房服务员摆放各类梳洗用品。

4.3.2 客房的尺寸与类型

饭店标准双床间的开间，经济级为3.3~3.6 m，舒适级为3.6～3.8 m，豪华级则在4.0 m左右，进深一般为7.0 m左右，进深轴线一般为7.3 m。客房的起居、休息部分的净高不应低于2.5 m，有中央空调时不低于2.6 m，走廊或局部净高不低于2.0 m。

客房类型的配置是根据企业营销战略、饭店等级、经营特点与对象等，以对经营有利的原则配置，以灵活地适应市场可能发生的变化。其基本配置类型见表4-8。

表4-8 星级饭店客房基本配置列表

客房种类及名称	使用状况特点	使用对象
单人间（单床间）	面积大于9 m²，为饭店中最小客房。设置单人床，设施齐全，要求经济实用	1人
多床间	用于低档次饭店	不多于4床
双床间（标准间）	面积16~38 m²，为饭店常用的客房类型，放置两张单人床	1至2人
双人床间	放置一张双人床，此类客房适合家庭旅客使用	家庭
两个双人床客房	设置两个双人床或两个大单人床	2至4人
灵活套间	用隔断分隔、面积经济的套间。既可将客房分成两个使用空间，也可拉开隔断整间使用	可用于家庭及办公室
跃层式套间	起居室和卧室分别在上下层，私密性强，两者由客房室内楼梯连接	可用于家庭及办公室
两套间（普通套间）	卧室可以为双床间或双人床间，起居室用于起居、休息、会客，也可附有用餐空间，并有盥洗室	可用于家庭及办公室
三套间	由起居室、餐厅、卧室（带书房功能）三间组成，配有客用备餐、盥洗、厕所	可用于家庭及办公室
总统套间	一般由五间以上客房组成的套间。大多布置于走廊尽端。空间布局灵活，吸取别墅、公寓风格。专用电梯、保安、秘书、高级卫生间等	国家总统，高级商务人士

4.3.3 客房的设计要点

（1）客房

客房的设计体现在安全性、经济性、灵活性与舒适性方面。

①安全性

主要表现在防火、治安、保持客房私密性等方面。例如，选用阻燃材料和饰品，设置可靠的火灾早期报警系统减少火荷载等。

②经济性

指除了体现在客房的平面布局空间塑造之外，还包括提高客房实物的使用效率。为便于互换添补，家具与洁具选型均应尽量减少规格品种。用材及造价上，应与营销对象和消费层面相协调，避免滥用材料和不必要的提高造价。

③灵活性

指客房空间的综合使用及可变换使用两方面。

④舒适性

包括对旅客的生理、心理要求的满足，有物质功能与精神功能两个层次，并反映饭店的等级与经营特点。经济级饭店客房需要满足客人基本的生理要求，保证客人的健康；舒适级、豪华级饭店则除了提高室内声、光、空气的质量，还进一步从室外环境、空间、家具陈设等各方面创造有魅力的室内环境。

影响舒适性的因素众多，但主要有健康与环境气氛两大类。

健康。客房提供的物质条件包括适当地控制视觉、听觉与热感觉等环境刺激，即隔声、照度及空调设计，以及满足人体工程学尺度要求。

环境气氛。客房室内设计可分为两大类：其一，客房如客人的家，需符合其生活习惯、亲切、方便；其二，客房具有鲜明的地方文化传统特点和浓郁的乡土情调，使客人产生新鲜感。空间的有限决定了客房室内设计的特点必须将上述两类“形式语言”浓缩提炼，演化到有实用价值的家具、灯具、陈设品等方面，尤其是家具最能反映文化及时代性。另外，家具与软织物的配置，应协调一致，风格统一（图4-44、图4-45）。

（2）客房卫生间

包括安全、通风、易清洁打扫、防滑、防冻及合理紧凑、方便使用等（图4-46）。

①根据饭店等级确定卫生间设计标准，包括卫生设备的配套，面积的确定和墙、地面材料等的选用。

图4-44　布局豪华、宽敞明亮的客房设计

图4-45　阿拉伯风格客房

图4-46　具有中式风格的卫生间

②卫生间管道应集中，便于维修及更新。浴房或浴缸正上方天棚安装抽风机。

③卫生间地面应低于客房地面20 mm，净高不小于2.1 m；门洞宽不小于0.75 m，净高不小于2.1 m。

④卫生间地面及墙面应选用耐水易洁材料，并应做防水层、泛水及地漏。

⑤洗脸台墙面安装镜面及镜前灯，灯具宜采用间接照明方式，且防水防潮。

4.4　饭店的餐饮环境设计

饭店的基本目的是提供给入住者或消费者以良好的食宿环境。“民以食为天”，饮食是人类生存要解决的首要问题。但在社会多元化渗透的今天，饮食的内容已更加丰富，人们对就餐内容的选择包含着对就餐环境的选择，是一种享受、一种体验、一种交流、一种显示，所有这些都体现在就餐的环境中。因此，着意营造吻合人们观念变化所要求的就餐环境，是室内设计把握时代脉搏，饭店营销成功的根基。

餐饮环境是餐厅、宴会厅、咖啡厅、酒吧及厨房的总称，其中餐厅包括：中餐厅、西餐厅、风味餐厅、自助餐厅。中餐厅又可分为：粤菜、川菜、鲁菜、淮菜等特色菜系。在国外，餐饮设施的收入往往占饭店总收入的40%，其比例之高，足以反映餐饮功能配置、空间塑造与环境创意之重要性（图4-47）。

4.4.1　餐饮环境的功能布局与面积指标

（1）功能布局

饭店餐饮设施的功能布局常有：

①独立设置餐厅和宴会厅。此种布局使就餐环境独立而优雅，功能设施间无干扰。

②在裙房或主楼低层设置餐厅和宴会厅。多数饭店均采用这种布局形式。此种布局，功能连贯、整体、内聚。

图4-47　度假酒店餐厅设计

③在主楼顶层设置观光型餐厅（包括旋转餐厅）。此种布局特别受旅游者和外地客人的欢迎。

④饮料厅（咖啡、酒吧、酒廊）的布局比较自由灵活，大堂一隅、中庭一侧、顶层、平台及庭园等处均可设置，增添了建筑内休闲、自然、轻松的氛围。

（2）面积指标

餐饮部分的规模以面积和用餐座位数为设计指标，随饭店的性质、等级和经营方式而异。饭店的等级越高，餐饮面积指标越大，反之则越小。我国《饭店建筑设计规范》规定，高等级饭店每间客房的餐饮面积为9～11 m^2，床位与餐座比率为1：1~1：2。

饭店中的餐厅应大、中、小型相结合，大中型餐厅餐座总数占总餐座数的70%~80%。小餐厅餐座数占总餐座数的20%~30%。影响面积的因素有：饭店的等级、餐厅等级、餐座形式等。相关指标见表4-9~表4-12。

表4-9　不同类型饭店餐座数指标（座/客房）

饭店类型			餐　厅	酒　厅	合　计
市中心饭店			0.75～1.0	0.25	1.0～1.25
名胜地饭店			1.0～1.75	0.5～0.75	1.5～7.0
郊区饭店	豪华饭店		0.9～1.1	0.45～0.55	1.35～1.65
	中档饭店		0.3～0.6	0.2～0.6	0.5～1.0
	经济饭店	旅游饭店	0.0～1.5	0.0～0.5	0.0～1.0
		中转饭店	1.5以上	0.75～1.0	2.0

表4-10　餐饮空间单位用餐面积（m^2/座）

标　准	咖啡厅	快餐厅	主餐厅	风味餐厅	鸡尾酒吧	门厅酒吧	辅助酒吧	夜总会
中低档	1.4	1.3	1.5	1.5	1.4	1.4	1.3	1.5
豪华型	1.7	1.5	2.0	1.9	1.7	1.7	1.5	1.9

表4-11　饭店餐饮设施配置

等　级		咖啡厅	风味餐厅	鸡尾酒厅	门厅酒吧	辅助酒吧	夜总会	主餐厅
小型	中低档饭店	○	—	○	—	—	—	—
	超豪华饭店	○	○	○	○	○	—	○
中型	中档饭店	○	○	○	—	—	○	—
	豪华饭店	○	○	○	○	○	○	○
大型或巨型饭店		○	○	○	○	○	○	○

注：○表示需要相应的配置，—表示不需要相应的配置

表4-12　饭店各功能空间餐座指标

项　目	单位面积	300间客房		500间客房		1 000间客房	
	m^2/座	座	m^2	座	m^2	座	m^2
咖啡馆	1.4	120	168	200	280	300	420
餐厅	2.0	120	216	150	270	250	450
西餐厅	2.0	—	—	—	—	150	300
风味餐厅	1.9	80	152	80	152	2×80	304
小餐厅	1.9	—	—	2×30	118	3×30	171
屋顶餐厅	1.9	—	—	120	228	—	—
夜总会（可跳舞）	1.9	—	—	—	—	250	475
门厅酒吧	1.4	40	56	60	84	80	112
鸡尾酒吧	1.4	80	112	100	140	160	224
风味酒吧	1.4	—	—	—	—	40	56
快餐酒吧	1.6	30	48	40	64	80	128
游泳池酒吧	1.4	—	—	12	17	12	17
衣帽间	0.07	320	23	610	42	1 200	84
公用卫生间	5.4/格	8格	43	12格	65	24格	130
净面积×120%=设计面积		818×120%=982		1 456×120%=1 747		2 871×120%=3 445	

4.4.2 餐饮环境的设计原则

①总体布局时，把入口、前室作为第一组空间，把大厅、雅间作为第二组空间，把卫生间、厨房及库房作为最后一组空间，使其流线清晰，功能上划分明确，减少相互之间的干扰。

②顾客入座路线和服务员服务路线应尽量避免重叠。通道简单易懂，服务路线不宜过长（最长不超过40 m），并且尽量避免穿越其他用餐空间。大型多功能厅或宴会厅会设置备餐廊。

③餐饮空间桌椅组合形式应多样化，以满足不同顾客的要求。

④中、西餐厅或具地域文化的风味餐厅应有相应的风格特点和主题性营造。

⑤餐厅空间应与厨房相连，且应该遮挡视线，厨房、配餐室的声音和照明不能泄漏到客人的坐席处。

⑥地面要选择走动没有脚步声，推动冷菜流动售货车时没有移动声，且不黏附污物、容易清扫的装饰材料。

⑦应有足够的绿化布置面积，良好的通风、采光和声学设计。

⑧有防逆光措施，当外墙玻璃窗有自然光进入室内时，不能产生逆光或眩光的感觉。

4.4.3 餐饮环境的设计要点

（1）餐饮空间的主题性营造

所谓“室内餐饮空间的主题性营造”就是在室内餐饮环境中，为表达某种主题含义或突出某种要素进行的理性设计。带着主题的设计有助于把感觉上升到完美的精神境界，它能够主控和指导室内设计风格的形成。

餐饮环境主题性营造的表现意念十分丰富，社会风俗、风土人情、自然历史、文化传统等各方面的题材都是设计构思的源泉。主题营造的表达手法有：

①利用空间的结构要素进行主题营造

例如，利用矩形餐饮空间的规整、充满理性的特点，营造出一种舒适和谐的主题氛围；利用多边形、圆形餐饮空间的稳定、富有活力的特点，使空间增添动感，营造出丰富、多变的主题氛围。此外，也可以利用建筑空间的结构形式与设计主题融为一体。如利用柱、梁、墙体、管道等结构形式，形成一种空间的构造关系。由空间结构所带来的视觉效果，具有心理上的流畅和升腾以及强烈的感染力（图4-48）。

②利用形态符号的要素进行主题营造

在餐饮空间的主题营造中，设计师常常采用某种形态符号作为设计的主题。这些形态符号可以与人们的社会文化、地域文化以及企业文化相关，也可以是个人情感因素的体验。它具有概括性、象征性和典型性的特点。其表现要素有：

a.利用装饰形态符号进行主题营造。餐厅中的装饰形态对主题的表达起着关键性作用，装饰形态的造型常常反映着餐饮环境的某种风格特征（图4-49、图4-50）。

b.利用情景形态符号进行主题营造。室内的景观在一定条件下能使人触景生情产生联想，在餐厅内部环境设计中应当有意识、有目的地重视景观设计。用现代材料创造出自然情趣。由此感受到内在主题的含意（图4-51）。

c.利用照明形态进行主题营造。照明形态是创造餐饮环境气氛的重要手段，应最大限度地利用光变化，如利用光的色彩、光的调子、光的层次、光的造型等构成含蓄的光影图案，创造出情感丰富的环境气氛（图4-52）。

d.利用色彩关系进行主题的营造。色彩在情感表达方面给人非常鲜明而直观的视觉印象。色彩心理学、物理学的研究结果提出的色彩心理规律，为我们分析人对餐饮环境色彩的感受提供了依据。色彩主题性营造的关键在于把握人们的色彩心理，使所采用的色彩能够引起人们的联想与回忆，从而达到唤起人们情感的目的（图4-53）。

e.利用材料与肌理进行主题营造。肌理是材料表面的组织构成所产生的视觉感受。餐饮环境中每种实体材料都有自身的肌理特征与性格，应充分调动，使它为主题服务（图4-54）。

图4-48　利用空间圆柱形式所营造的氛围

图4-49　古朴的埃及特色餐厅（埃及索菲特酒店）

图4-50　具有中式符号的上海柏悦酒店餐厅设计（Tony Chi）

图4-51　置身海底的迪拜伯瓷酒店海鲜餐厅

图4-52　利用光影效果所营造的酒吧氛围（HKS）

图4-53　生动明快的蓝绿色靠垫、橘黄色纹墙及奶黄色餐台相得益彰（约翰·拉姆建筑设计公司）

图4-54　罗曼诺斯酒店餐厅

（2）饭店常用餐饮家具

餐饮家具既具有日常生活中人体工程学的实用功能，也营造环境的心理氛围，还是空间风格、品味的展现。室内设计中应注意把握业主对功能的需求及个人品位与爱好，合理设置、搭配家具。以下是一组图例，供参考（图4-55）。

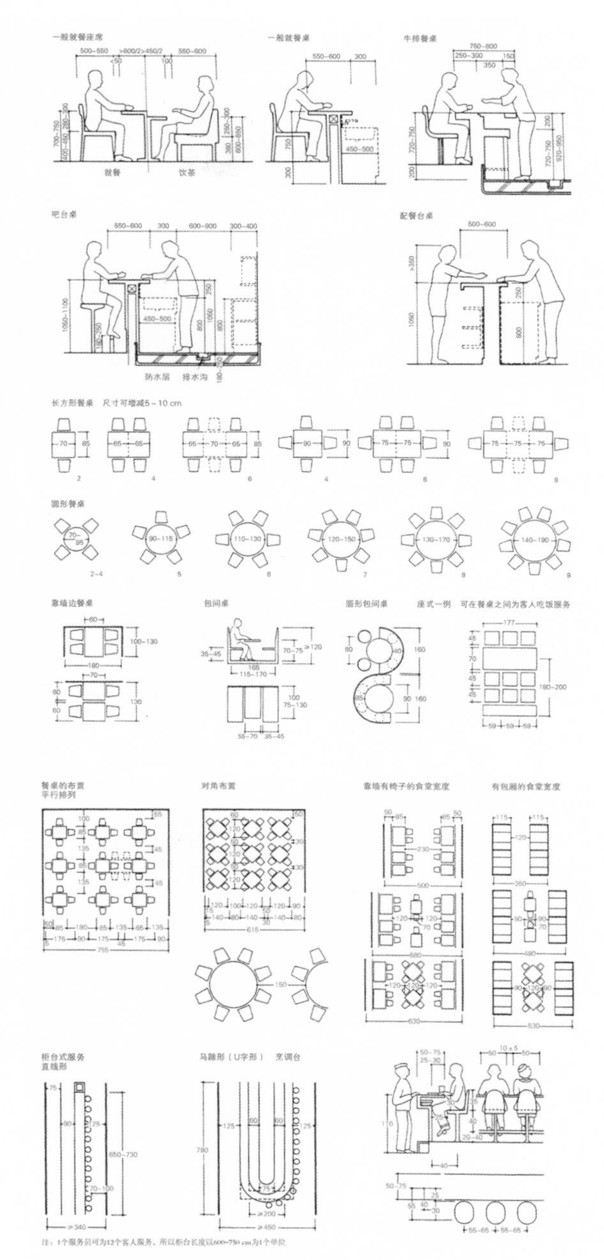

图4-55　饭店常用餐饮家具图例

4.4.4　餐饮环境各功能空间设计

（1）中餐厅

在我国的饭店建设上，中式餐厅占有很重要的位置。中式餐厅为中国大众所喜闻乐见，民族传统的气氛浓郁。

中餐厅包括了入口、前室、大厅、包房、厨房、卫生间等功能空间。

中餐厅的入口设计面积应较为宽大，以便人流通畅。入口处常设置中式餐厅的形象与符号招牌及接待台。前室一般可设置服务台（水酒吧台）、休息等候座位。餐桌的形式有8人桌、10人桌、12人桌，以方形或圆形桌为主，如八仙桌、太师椅等家具。同时，设置一定量的雅间或包房及卫生间一处。

中餐厅在室内空间设计中通常运用传统形式的符号进行装饰与塑造。例如，运用藻井、宫灯、斗拱、挂落、书画、传统纹样等装饰语言组织饰面。又如，运用我国传统园林艺术的空间划分形

图4-56　丽江悦榕庄酒店中餐厅

图4-57　中餐厅包房设计

图4-58　港岛海逸君绰酒店中餐厅

式，拱桥流水、虚实相形、内外沟通等手法组织空间，以营造中国传统餐饮文化的氛围（图4-56~图4-58）。

中式餐厅的装饰虽然可以借鉴传统的符号，但还要在此基础上，寻求符号的现代化、时尚化，以跟上时代的气息。

（2）宴会厅

饭店宴会厅的使用功能主要是婚礼宴会、纪念宴会、新年、圣诞晚会、团体会议及团聚宴会等。

宴会厅包括了前厅、休息室、大厅、贵宾室、音像控制室、储藏室、卫生间等功能空间。宴会厅为了适应不同的使用需要，常设计成可分隔的空间，需要时可利用活动隔断分隔成几个小厅。

宴会前厅是宴会前的活动场所，此处常设衣帽间、电话、休息椅、卫生间等；贵宾室通常设在紧邻大厅主席台位置，并有专门的通道；同时应设贮藏间及音像控制室，以便于桌椅布置形式的变动和音像设备的控制。

宴会厅净高：小宴会厅净高为2.7~3.5 m、大宴会厅净高5 m以上。宴会厅桌椅布置以圆桌、方桌为主，椅子选型应易于叠落收藏。

值得注意的是，当宴会厅的门厅与住宿客人用的大堂合用时，应考虑设计出在门厅就能够把参加宴会的来宾迅速引导至宴会大厅的空间形象标识。

宴会厅的装饰设计应体现出庄重、热烈、高贵而丰满的品质（图4-59、图4-60）。

（3）风味厅

风味餐厅本身是餐饮内容和形式的一种提炼，有其自身的特殊性。风味餐厅的设计目的主要是使人们在品尝菜肴时，对当地民族特色，建筑文化、生活习俗等有所了解，并可亲自感受其文化的精神所在。

风味餐厅可视饭店规模的大小来灵活安排功能的设置。在功能上根据风味餐厅的不同类型设置功能区域。例如，日式餐厅里就有必要增加和室的区域。在一些地方的饭店，常设置当地民族性餐厅，增加当地特色菜的区域，如增加烧烤台、烫菜台之类的功能区域。

图4-59　气氛庄重、热烈的宴会厅设计

图4-60　具有异域风格的宴会厅设计

图4-61　湘西民族宾馆土家族特色风味餐厅

图4-62　提供中东特色美味佳肴的风味餐厅——Vedema度假酒店

风味餐厅在设计上，从空间布局、家具设施到装饰词汇应洋溢着与风味特色相协调的文化内涵。在表现上，要求精细与精致，整个环境的品质要与它的特别服务相协调，要创造一个令人感到情调别致、环境精致、能尽情享受的空间，使宾客们在优雅的气氛中愉快用餐，同时享受美味与品味（图4-61、图4-62）。

（4）西餐厅

大型饭店、高档次饭店均设置有西餐厅。西餐厅在饮食业中属异域餐饮文化。西餐厅以供应西方某国特色菜肴为主，其装饰风格也与某国民族习俗相一致，充分尊重其饮食习惯和就餐环境需求（图4-63~图4-65）。

西餐厅包括了入口、前室、大厅、包房、厨房、卫生间等功能空间。西餐厅的家具多采用二人桌、四人桌或长条形多人桌。

西餐厅室内环境的营造方法是多样的，大致有以下几种：

①欧洲古典气氛的营造手法

这种手法比较注重古典气氛的营造，通常运用一些欧洲建筑的典型元素，诸如砖拱、铸铁花、拱享、罗马柱、夸张的木质线条等来构成室内的欧洲古典风情。

②富有乡村气息的营造手法

表现一种田园诗般恬静、温柔、富有乡村气息的装饰风格。这种营造手法较多地保留了原

图4-63　具有欧式古典风情的西餐厅

图4-64　北密执根餐馆西餐厅：抽象的葡萄藤及户外风光的延伸让人炫目（Tony Chi & Associafes）

图4-65　现代简约的莱比锡威斯汀酒店西餐厅

始、自然的元素，使室内空间流淌着一种自然、浪漫的气氛，质朴而富有生气。

③前卫时尚的营造手法

西餐的经营对象如果面对青年消费群，运用前卫而充满现代气息的设计手法最为适合青年人的口味。空间构成一目了然，各个界面平整光洁，巧妙运用各种灯光构成室内时尚、温馨的氛围。

（5）自助餐厅

饭店以自助餐的形式提供入住者或来宾在早餐和正餐使用。这种进餐形式灵活、自由、随意，亲手烹调的过程充满了乐趣，受到广大消费者的喜爱。

酒店自助餐厅自助式的服务特点决定了其空间功能布局的基本要求。

一是自助餐厅具有动态就餐的特点，因而空间布局要以人的交通流线和行为规律为依据，保证交通流线通畅，减少客人流线和服务流线的交叉和冲突。 二是自助餐台的位置设置要方便客人自助选餐，同时靠近出菜口，以方便菜品的提供，缩短服务路线。

此外，在内部空间处理上应简洁明快，通透开敞。一般以设坐席为主，柜台式席位也很适合在自助厅中运用。厅里的通道应比其他类型的餐厅通道宽一些，便于人流及时疏散，以加快食物流通和就餐速度。在布局分隔上，尽量采用开敞式或半开敞式的就餐方式，特别是自助餐厅因食品多为半成品加工，加工区可以向客席开敞，增加就餐气氛。

自助餐厅装饰设计语言的应用可以是饭店风格的延伸，也可以是一个特色鲜明的主题餐厅，其风格主要取决于业主的经营定位，它本身可以以多样的设计面貌出现、不拘一格，通过空间界面的分隔，色彩、材质、灯光等元素的运用，共同营造出丰富的空间效果（图4-66、图4-67）。

（6）酒吧

酒吧是饭店必不可少的公共休闲空间。空间处理应轻松随意，可以是异型或自由弧型空间。酒吧也是人们亲密交流、沟通的社交场所，在空间处理上宜把大空间分成多个尺度较小的空间，以适应不同层次的需要。

酒吧在功能区域上主要有坐席区（含少量站席）、吧台区、化妆室、音响、厨房、卫生间、办公室等几个部分。一般每席1.3～1.7 m^2，通道为750～1300 mm，酒吧台宽度为500～750 mm。可视其规模设置水酒贮藏库。酒吧座椅高度关系见表4-13。

表4-13　酒吧座椅高度关系表

座椅型式	座椅落地高度/mm	吧台高度/mm	搁脚点离地高度/mm	服务人员地面比客人地面/mm
高座	755～800	1 100～1 150	300～400	平
半高座	600	900	200	低200
低座	480	780	—	低200

图4-66　澳门君悦酒店自助餐厅（super potato）

图4-67　上海柏悦酒店自助餐厅（Tony Chi）

图4-68　以赞颂渔业为主题的古朴酒吧（LCA设计事务所）

酒吧台是酒吧空间中的组织者和视觉中心，设计上可把其作为风格走向，予以重点考虑。酒吧台侧面因与人体接触，宜采用木质或软包材料，台面材料需光滑易于清洁，常用材料有高级木材、花岗石、大理石、金属面等。

酒吧在装饰上应突出浪漫、温馨的休闲气氛和感性空间的特征。因此，应在和谐的基础上大胆开拓思路、寻求新颖的形式。常见的形式有：

①原始热带风情的装饰手法

以原始、热带的装饰风格为酒吧装饰的常见形式。它以古怪、离奇又结合自然的手法吸引顾客，使人身心放松（图4-68）。

②带有主题性色彩的装饰

这是酒吧常用的经营方式和装饰手法。这类酒吧以突出某一主题为目的，综合运用壁画、道具等造型手段，它个性鲜明，对消费者有刺激性和吸引力，容易激起消费者的热情。作为一种时尚性的营销策略，它通常几年便要更换装饰手法，以保证持久的吸引力（图4-69、图4-70）。

③怀旧情调的装饰设计

这是酒吧常用的经营策略，以唤起人们对某段时光的留恋之情为主要目的。这就要涉及或吸取某一地域或某一历史阶段的环境装饰风格。

（7）咖啡厅

现代饭店的咖啡厅是提供咖啡、饮料、茶水

图4-69　独特、时尚的米兰 Boscolo Exedra 酒店酒吧（Studio Italo Rota & Partners）

图4-70　莱比锡威斯汀酒店酒吧

的休息、交际场所。它常设置在饭店大堂一角或与西餐厅、中庭结合在一起，且靠近卫生间。普通咖啡厅提供集中烧煮的咖啡，豪华级饭店的咖啡厅常常当众表演烧煮小壶咖啡的技术。咖啡厅内须设热饮料准备间和洗涤间。咖啡厅常用直径为

图4-71　酒店咖啡厅

图4-72　简洁大气的咖啡厅设计

550～600 mm的圆桌或边长为600～700 mm的方桌。应留足够的服务通道。

咖啡厅源于西方饮食文化，因此，设计形式上更多追求欧化风格，其表现为：借用欧式古典建筑的装饰语言，通过提炼建立一种“欧洲感觉”的空间形式，以一种或多种具有经典意义的欧式建筑线角、柱式，用“以少胜多”的语言来表达空间，充分体现其古典、醇厚的性格（图4-71、图4-72）。

（8）多功能厅

大型饭店或高星级饭店须设置灵活使用的多功能空间，以提供会议、展览会、观演及学术交流等多种业务用途的环境。多功能厅的布置应靠近前台区和厨房，规模较大时，尽量单独设置出入口、休息厅、衣帽间、卫生间和贮藏间（存放家具与设备）。多功能厅的功能特点是灵活性，体现在功能随使用而改变以及空间的自由分隔性上。所以，

在设计时，必须考虑空间的简洁性、整体性、灵活性，且灵活划分的隔断应具有良好的隔声性能和轻便的组装移动效果。各个可能分隔的区域还须配置活动式舞台、音响、照明系统、电话插口、电源等设施。另外，必须满足防火规范要求，如疏散、应急装置、喷淋系统等（图4-73、图4-74）。

表 4-14　多功能厅活动布置的座位面积参考指标（m^2/座）

功能类型	冷餐	观演	宴会	教室	会议
多功能厅	0.7	0.7	1.0～1.1	—	—
多功能厅前厅	0.7				
小宴会厅	0.8	1.0	1.1～1.3	1.3	—
小会议厅	0.8	1.0	1.1～1.3	1.3	1.5～1.9
高级会议室	1.1	—	1.4	—	1.9～2.3
剧场	—	0.7～1.1	—	1.1～1.4	—

表 4-15　多功能厅辅助使用面积参考指标（m^2/座）

类　型	前厅及休息厅	备餐间	贮藏间	其他使用面积
会议饭店	0.3	0.3	0.3	0.2
豪华饭店	0.25~0.3	0.3	0.2	0.15
中档饭店	0.2	0.2	0.1	0.1

（9）厨房

饭店的厨房设计要根据餐饮部门的种类、规模、菜谱内容的构成以及在建筑里的位置状况等条件而相应地有所变化。厨房面积大致是餐厅面积的30%~40%，一般设有主厨房和各部门厨房或餐具食品室。宴会厅的使用率较高，与住宿客人用餐的内容及时间不同，两者的厨房应分开设计。当餐饮部门的规模较小时，一般只设一个厨房，负责宴会的部门在相邻宴会厅的配套室里进行装盘和洗净、存放餐具。厨房的位置要尽量与餐饮区域相邻，避免厨房里的炒菜味、噪声等传到就餐坐席内。

厨房的流线要合理，厨房作业的流程为：采购食品材料—贮藏—预先处理—烹调—配餐—食堂—回收餐具—洗涤—预备等。

厨房地面要平坦、防滑，而且要容易清扫。地平留有1/100的排水坡度和足够的排水沟。适用于厨房地面的装饰材料有瓷质地砖和适用于配餐室的

图4-73　豪华奢侈的多功能厅设计

图4-74　深圳君悦酒店多功能厅设计（super potato）

树脂薄板等。墙面装饰材料，可以使用瓷砖或不锈钢板。为了清洗方便，最好使用不锈钢材料。顶棚上要安装专用排气罩、防潮防雾灯和通风管道以及吊柜等。

4.5　饭店的娱乐环境设计

近年来饭店作为城市设施承担起了地区的社会活动，为实现经营上的稳定增长，还根据顾客需要增设了其他各种设施，最典型的是将娱乐、健身设施，如舞厅、游艺厅、桌球室、健身室、桑拿房、按摩浴池、室内外游泳池、网球场、保龄球场等引入饭店，有的甚至扩大到购物商店街。

4.5.1　舞厅设计

舞厅可分为交际舞厅、迪斯科舞厅（也称夜总会）、卡拉OK厅。作为娱乐性场所，舞厅在功能空间的划分以及环境装饰上应充分强调娱乐性，其设计主要是营造出轻松娱乐的气氛，讲究风格的创

新和追求新鲜、刺激的精神要求。

舞厅的功能设施主要有舞池、演奏台（表演台）、休息座、音控室、酒吧台、包房等，空间划分应尽显活跃气氛，在喧嚣的环境中进行有序的空间变化与分隔。舞厅主要可划分为舞池区、休息区，舞池的地面标高可略低于休息座区，使其有明确的界限，互不干扰，空间尺度上应使人感到亲切。空间较大时可用低隔断、座椅等分隔成附属的小空间，增强亲和力。

舞厅是一个声源特别复杂的环境，在设计时要把握好声环境的不同区域。有舞池中的音响声源，客席中的谈话声源，又有需要相对安静的散座或包间，在设计中应按照无声区—自然声区—娱乐声区—噪声区的隔离层次来进行划分。为减少音响对公共部分与客房的干扰，舞厅常位于地下一层或屋顶层，并在内壁设计吸音墙面，入口处的前厅则起声锁作用。舞厅需设音响灯光控制室和化妆间，有条件时设收缩、升降舞台。

图4-75　洋溢着动感与激情的舞厅

图4-76　上海金茂君悦大酒店浦劲娱乐中心——音乐厅

舞厅的光环境设计以营造时代娱乐气氛为基础，使用多层次、多照明方式及多动感的设计手法，大胆创新。灯具的布置，一般在舞池上空专设一套灯光支架悬挂专用舞台灯光设备，如扫描灯、镭射灯、激光灯以及雨灯等变化丰富的主导灯具。此外，灯光的指示作用也不容忽视，因为舞厅的光线较暗，包间、卫生间、吸烟区、疏散通道等都需要有灯光指示标识。

在舞厅材料方面，迪斯科舞厅的舞池地面更多为钢化玻璃，以便在玻璃下设彩灯，上下动态灯光呼应，更显强烈刺激与扑朔迷离。舞厅的坐席区地面宜采用木地板或地毯铺装，以防声响。

卡拉OK厅是以视听为主、自唱自乐、和谐欢愉的娱乐空间环境。主要设施有舞池、表演台、视听设备、散座、包间、水酒吧台等。基本设备是大屏幕电视机和专业音响，属于内部闭路电视性质。电视屏幕上播出由客人点播的音乐、电视片或闭路电视控制所放映的录像。室内要有柔和的照明，在不看电视时基本照度要在50~80 lx，看电视时也要保持10 lx的平均照度（图4-75、图4-76）。

4.5.2　保龄球室设计

保龄球是一项集娱乐、健身于一体的室内活动，适合于不同年龄、不同性别的人参加。饭店的保龄球场常设4~8股道，旅游休闲性质的饭店可增至12~24股道。

标准保龄球道用加拿大枫木和松木板镶嵌而成，枫木用于助跑道，放置于球瓶部位和球道开端，即易受撞击地带。松木用于球道中段滚球地带，球道下是铁杉。端部瓶台处有小机房，以先进的技术，固态印制电路板控制自动捡瓶。助跑道端部每两条球道之间有回球架，可放13个球。其基本设备有：①自动化机械系统，由程序控制箱控制的扫瓶、送瓶、竖瓶、夹瓶、升球回球等。②球道，长915.63 cm，宽104.2～106.6 cm；助跑道，长457.23 cm，宽52.2～152.9 cm。③记分台，由电脑记分系统、双人座位、投影装置、球员座位、服务台（兼作水吧台）、休息区（换鞋区）等组成。

保龄球场很少采用自然采光通风，球道两侧一般不开窗，这样可以避免室外噪声的干扰和灰尘侵袭污染，同时也降低了热损失和空调负荷。保龄球室设计上追求简洁、纯净的现代空间风格，防止多余装饰与色彩带来视线的干扰。照明上多采用间接式的灯具照明方式，以免产生眩光或球道反光。除保龄球道专用设备区外，其他空间均应采用地毯铺设地面，以防噪声对投球手的干扰（图4-77、图4-78）。

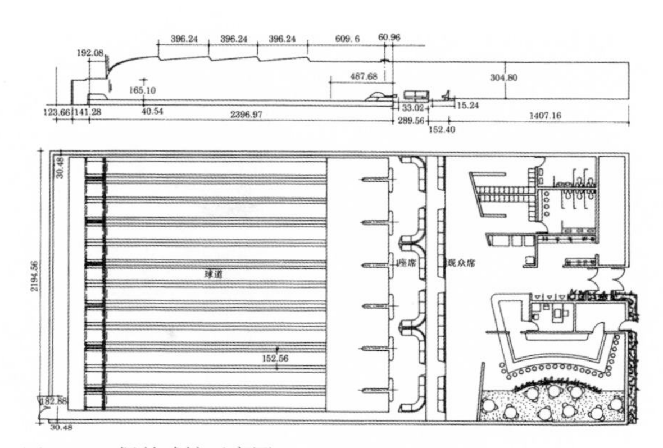

图4-77 保龄球馆示意图

图4-78 保龄球馆

4.6 饭店的健身环境设计

饭店的健身设施设置是由饭店性质、规模、经营策略等因素而决定的。健身是一个广义的概念，主要指运动、健康管理服务及消除疲劳的浴池、理疗、健美、美容等项目。

饭店的健身设施环境应该相对集中而成一个整体，以体现功能的连贯性。设计上应统筹规划、系统布局、统一构思。须注意的设计要求是：①充分利用所有空间，但须以整体、简洁、实用为前提。②选用耐久防水材料，以保持环境清洁。③干面积（休息及器械部分）与湿面积（水池部分）应明显分隔，以保证消费者的绝对隐私权。④设计通道时，应充分考虑顾客流量，保持疏散畅通。⑤健身场所应有充足光源，适当选择及设计各部分照明系统，充分利用自然光源。休息室及按摩房的灯光不宜太亮。⑥通风系统要完善，使室内保持空气流通。配置绿化与音像系统。⑦适度设置接待收费处、等候休息室、办公室、服务人员休息室、设备机房、洗衣房、更衣间、卫生间、水吧休闲等辅助空间（图4-79~图4-82）。

图4-79 酒店泳池

图4-80 室内娱乐室

4.6.1 浴室设计

浴室按不同温度、不同器物可分为：桑拿房、蒸汽浴房、热水按摩浴池、冰水浸身池、热能震荡放松器、身体机能调理运动器、按摩房内设按摩床。

（1）桑拿浴房设计

源于传统的芬兰，流行于欧洲及亚洲。桑

图4-81　凯悦酒店SPA

图4-82　酒店健身环境

拿浴程序为：更衣—沐浴—进入桑拿房—加温（70～90 ℃）— 沐浴—再次进入房中—沐浴—休息室静养（同时润滑中助呼吸）—按摩—更衣。在我国一般所指的桑拿浴分为两种：其一是高温低湿度沐浴，采用电磁炉对专用矿石进行加温后，由顾客一次次把水浇在加热的矿石上而产生气温，如放一枝嫩桦树在热石上，还可享受到森林的植物香味。这种成套组合设施完全用烘烧后的桦木条制成，格外芳香怡人；其二是低温高湿度沐浴，采用水蒸气设备进行加温加湿，常用成套组合式玻璃钢结构制成。桑拿浴房的预制规格及主要设施指标见表4-16、表4-17。

表4-16　桑拿浴房的预制规格表

桑拿型号	体积/cm（长、宽、高）	长凳数	加热器输出功率/kW
160U	202×155×200	L形2个	6 kW
200U	202×202×200	U形3个	6 kW
250U	202×250×200	U形3个	8 kW
300U	250×300×200	U形二层5个	10 kW
160T	202×155×200	2阶	6 kW
200T	202×202×200	3阶	6 kW
250T	202×250×200	3阶	8 kW

表4-17　桑拿浴房主要设施及指标

设　施	设计参考指标
桑拿浴室	最高温度90℃，最大湿度12%，最小面积0.72 m²/人
蒸汽浴室	最高温度49°C，最小面积0.76 m²/人
热水按摩浴室	水温40～45℃，座位尺寸（深×宽×高）400×600×450
温水按摩浴室	水温35～40℃，座位尺寸（深×宽×高）400×600×450
冰水按摩浴池	水温5～10℃，座位尺寸（深×宽×高）400×600×450
太阳浴	6 m²/人
按摩室	2.8×2.2 m²/间

注：空间尺度比为：桑拿浴室：水池：休息室=1：1：3～4

（2）水力按摩浴池设计

饭店完善的桑拿浴健康中心，应配备三种不同温度的水力按摩浴池。浴池可供4~30人使用，具有按摩与沐浴的双重功能。它的启动系统设有多个旋涡式高压喷射龙头，可随意调节喷射角度、水温、水力及空气的混合动力，使身体每个部分都能得到适当的水力按摩，因而促进血液循环，增进健康，并对减肥、治疗风湿病有特效。水力按摩浴池相关设置指标如表4-18所示。

表4-18　水力按摩浴池设置配备参考指标

浴池类型	使用人数/人	浴池尺寸/m（长、宽、高）	座位规格/m（宽、高）	池水温度	其他设施
热水按摩浴池	6~8	2.5×2.5×0.9	0.4×0.45	40~42 ℃	池内照明灯4盏，水力漩涡式高压喷射龙头6个
暖水按摩池	10～15	2.5×4×0.9	0.4×0.45	35～40 ℃	水力高压喷头10个
冰水浴池	6～8	2.5×2.5×0.9	0.4×0.45	8～13 ℃	池底气泡式喷嘴12~15个

（3）游泳池设计

饭店游泳池分室内、室外两种。一般采用尺寸为8 m×15 m至15 m×25 m。因中央空调系统及水温控制，室内游泳池不受季节气候影响，具有全天候使用的优点。同时，泳池空间做成全玻房及仿优美的室外庭园环境，更显宜人的妙趣。室内游泳环境也常与桑拿浴环境组合在一起，互为补充、调节。室外游泳池受气候的影响较大，地处热带、亚热带的饭店宜设室外游泳池。有的游泳池与绿化庭园相结合，一池碧波嵌在热带、亚热带丛林中；有的与公共活动部分相结合，传统风格的塔亭立于池畔，亭式酒吧伸入泳池，仿佛构成浪漫的异国岛屿（图4-83~图4-85）。

表4-19 饭店健身环境设计参考指标

项　目	指　标
游泳池的空间面积	216 m^2(18 m × 12 m)
池水面积	72 m^2(12 m × 6 m)
平台面积	144 m^2
平台最小进深	3 m
健疗部个人按摩池	4.7 m^2/人
健疗部多人按摩池	1.9 m^2/人
桑拿浴	1.9 m^2/人
蒸汽浴	1.9 m^2/人
按摩室	9.3 m^2/人
美容室	9.3 m^2/人
理发室	6.5 m^2/人
修指甲室	6.5 m^2/人
体检室	14 m^2/人
休息室	9.3 m^2/人

（4）美容中心设计

美容中心常与浴室环境配套设立，它除理发外，还设有面部按摩、修眉、修指甲、修睫毛、脚疗等内容，有的饭店把推拿按摩的服务项目也设在美容中心。这也是高级饭店中不可缺少的服务项目。美容中心一般设内外两部分，外为美发、休息空间，内为美容及按摩间（含包间）（图4-86~图4-88）。

4.6.2 健身室设计

（1）健身房

现代饭店的健身房常提供拉力器、跑步器械、肌肉训练器械、划船器械、脚踏车等健身运动器械，健身房需面积宽敞、光线明亮而柔和，房高至

图4-83 室外游泳池

图4-84 西安威斯汀博物馆酒店室内游泳池（如恩设计研究室）

图4-85 北京柏悦酒店游泳池

少2.6 m，房空间使用面积不得少于60 m^2，墙面需装不锈钢或铜管（ϕ53）以及镜面，作为练功时必要的扶靠并与舞姿对照。地面可铺地毯或弹性地板，并设音响与空调（图4-89）。

（2）球场

饭店一般设置占地较小的球场和运动项目，有的设在室内，有的利用屋顶。各类球场有规定的使

图4-86　青岛香格里拉大酒店SPA

图4-88　葡萄牙悦椿SPA

用尺寸和专用设备、用材，必须给予尊重。特殊情况下可压缩边线以外空地宽度，仅作练习健身用。

网球场双打场地为10.97 m×23.77 m，单打场地为8.23 m×23.77 m。端线外空地宽6.40 m，边线外空地宽3.66 m；室内为硬地球场，室外分硬地及草地两种，室外场地长轴以南北向为主，偏差不宜超过20°；球场设在屋顶时，需设6 m高的保护丝网，全天候球场要配夜间照明。羽毛球场双打场地13.4 m×6.10 m，单打场地为13.4 m×5.18 m，边线外空地宽3.0 m。乒乓球台为2.74 m×1.525 m，高760 mm，球场一般不小于12 m×6 m。

图4-87　北京海航万豪酒店SPA

图4-89　健身中心（Ted Architerior Co,Ltd）

4.7 饭店的其他空间环境设计

其他空间主要指饭店的外部空间和管理用房两部分。这是饭店设施环境不可缺少的组成部分，必须把它作为总体设计的一个环节来考虑。

4.7.1 外部空间环境设计

外部空间与建筑物内部一样，也有“公共”和“服务”两个部分。而且，与内部空间相比，外部空间同道路、相邻土地以及周边环境直接接触的地方更多。所以，处理好外部空间与沿街建筑和环境的协调问题非常重要。

我国城市规划与建筑标准，规定了建筑面积、绿化面积等占用地的比率具体为：建筑物占用地为40%~45%，绿化物占用地为30%以上，道路及其他设施占用地为20%~30%。设计时应严格执行此标准。饭店外部空间的内容及设计要求具体有：

（1）从道路到出入口的引道

引道要便于识别和通行，道路标识要清楚，人行道和车行道应分开，路面高差和坡度要便于轮椅和老年人行走，选用不易滑倒的地面材料。门厅外要预留上下出租车及出租车等候的空间场地，以及顾客停车场、饭店专用停车场地。

（2）面向道路的部分（建筑物与道路之间的空间）

建筑物与道路之间的空间部分的处理方法有多种。当面临道路的建筑物部分是前厅或餐厅时，就应把该空间部分作为建筑物的领地范围，对于道路来说就把该空间部分作为具有隐蔽性的室外设施来设计。

（3）庭园

饭店庭园种类有观景庭园、散步庭园、内部空间的外延平台等。常设置在公共部分的外部延长部分、中庭（内庭）和屋顶的位置。其园景包括种植、水体（水池、喷泉、流水）、雕塑、长椅、垃圾桶、饮水器、屋面休息平台、凉亭等。

（4）其他营业性设施

体育设施、游泳池、网球场、广场、舞台、花园餐厅、屋顶外餐厅等。

图4-90　空中庭园（日建空间设计）强调内外空间的连续性、沟通性

图4-91　饭店外环境规划

图4-92　上海衡山路十二号精选酒店（奥利奥·博塔设计事务所/华东建筑设计研究院有限公司）

图4-93 酒店外环境设计

图4-94 度假酒店室外环境设计

（5）标识类（招牌、标识牌和照明）设置

道路入口、出入口周围、停车位、外墙上部和屋顶部分、建筑投光照明、旗杆、庭园内的标识设备等（图4-90~图4-94）。

4.7.2 管理用房设计

（1）物资管理部门

负责采购业务及货物处理、贮藏等。

在搬运货物进出口处要核实进出卡车的高度，有无靠近平台的屋顶。物资处理室里要有包装材料堆放场地、清洗场地和垃圾处理场地。

库存用品主要有食品、办公消耗品、客房用品等三个种类。库存管理方式因设施方面的运营不同而有差异。旅游饭店还需要准备加长床（搬到客房的床）和婴儿床等。

（2）员工福利部门

员工人数因设施种类、规模的差异而不同。顾客数量和员工人数的比例有多种，高级的为1：0.8，普通级的可到1：0.1左右。但是，根据经营情况，一部分业务要从外部订货，有时也要雇用小时工，所以在房间分配时须调研后才可决定。

（3）设备

含锅炉房、空调机房、配电室、水箱室、工作及修理室、洗衣房等。

根据设备的使用方式有时要把机械放在屋顶上使用，例如，在使用室外密封配电箱作输入变电设备时，就无须再有配电室。在占地狭小的城区饭店，水箱室设在地下层或在最底层混凝土地板下面，但在旅游饭店等占地有富余的地方，则在室外设水箱、水罐。

虽然小规模饭店的床单类客房用品要委托外面洗涤，但饭店洗衣房里一般也要有洗衣机、烘干机、干燥室、熨衣台等设施。

（4）管理部门的通道

确认使用的手推车大小和走廊宽度、门的宽度，确认门扇开启情况和是否需要自动门，注意地板饰面和墙面的保护等。应单独设立运送货物用电梯和服务用电梯（图4-95）。

4.8 案例剖析——迪拜伯瓷饭店

4.8.1 项目概念

（1）项目概况

迪拜伯瓷饭店（Burj Al-Arab），又名帆船饭店，位于中东地区阿拉伯联合酋长国迪拜市。金碧辉煌、奢华无比的伯瓷饭店是全世界最豪华、最奢侈的饭店，也是世界上第一家七星级饭店。饭店建立在迪拜海滨一个人工岛上，由英国设计师W.S.Atkins设计建筑，设计机构KCA设计室内空间，共有56层、321 m高，设有高级套房202间，历经5年建造完成。迪拜伯瓷饭店已成为阿拉伯人奢侈的象征和地标性建筑（图4-96）。

（2）设计定位

顶级、奢华、尊贵、地标是伯瓷饭店的设计定位，从直升机、劳斯莱斯接送，到饭店内部镀金的界面、家具，到海鲜餐厅、空中网球场等，都体现着伯瓷饭店的极致奢华，也符合其服务宗旨：让顾客体会到阿拉伯油王的感觉。

（3）设计创意

伯瓷饭店最初的创意是由阿联酋国防部长、迪拜王储阿勒马克图姆提出的，他梦想给迪拜一个像悉尼歌剧院、埃菲尔铁塔式的地标建筑。经过全世界数百名设计师的无数奇思妙想，最终选中了英国设计师W.S.Atkins 的“华丽的帆船饭店”设计方案。饭店建立于海水中间的一个人工岛屿上，通过跨海大桥与陆地相连，其建筑创意来源于阿拉伯式帆船，采用双层膜结构形式，造型轻盈、飘逸，犹如一艘巨大的帆船扬帆出海。

奢华的现代阿拉伯皇宫是伯瓷饭店室内设计的创意之源。酒店采用了传统的装饰元素和家具陈设，并使用了26吨黄金，让人领略到黄金无可取代的魅力，酒店的大厅、中庭、套房、浴室、龙头、把手……甚至一张便条纸，都镀满了黄金，每一个细节都超出了客人的想象力，奢华而不俗气。历经5年的时间，终于缔造出一个将浓烈的伊斯兰风格和极尽奢华的装饰与高科技手段完美结合的梦幻般的饭店建筑（图4-97、图4-98）。

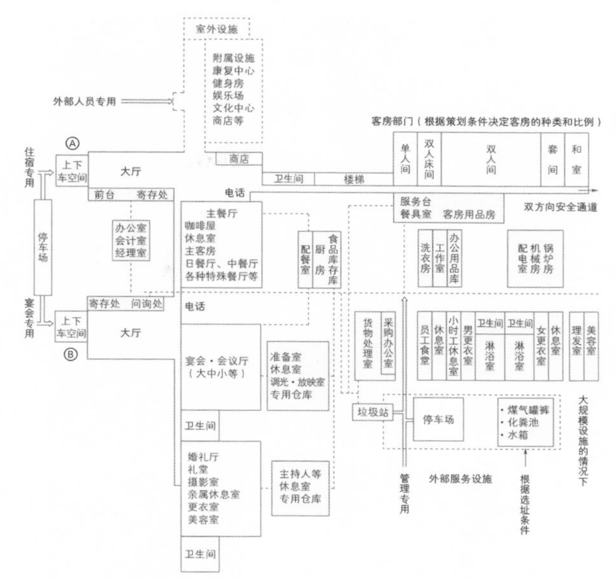

图4-95　管理用房配置

图4-96　迪拜伯瓷饭店

4.8.2 主要功能空间设计

（1）饭店建筑

伯瓷饭店以其简洁优美、富于韵律并与环境高度协调的帆船造型给人留下了深刻的印象，其创新的建筑造型和内部空间的奢华装饰创造了一个令人惊叹的建筑整体，它已成为迪拜的地标性

图4-97　俯瞰迪拜伯瓷饭店

图4-98　迪拜伯瓷饭店中庭

图4-99　饭店主体建筑犹如一艘巨大的帆船扬帆出海

图4-100　酒店主入口门厅

图4-101　左右两侧的贝壳造型服务台及休息区域

建筑。正如其建筑设计师这样阐述他的设计理念："建筑要成为地标必须依赖简单而独特的形状，判断一个地标我们只需几笔就能描述出来它的位置，这就是地标。"（图4-99）

（2）大堂空间

酒店大堂功能完备，设计大气、奢华，大尺度的高180 m的中庭空间，通过灯光、材质、水景的运用，呈现出金碧辉煌、奇妙变化的场景。大厅中闪烁耀眼的灯光，神奇的热带水族馆，绚丽多彩的喷泉，巨大的金色柱身，浓厚的阿拉伯民族符号，都给人美轮美奂、强烈震撼的视觉感受。

图4-102　富有浓郁的阿拉伯风格的入口大厅

①入口空间

酒店的主入口门厅是一个椭圆形的空间，地面铺设厚重的阿拉伯风格地毯，天花板上金色的造型中央镶嵌着水晶和镜面，左右两侧各有一金色贝壳造型的服务台，富有浓郁的阿拉伯地域特色，同时也十分富丽堂皇（图4-100~图4-102）。

②中庭

进入酒店大厅，可以看见多层阶梯的水幕以及高大的中庭空间直到大楼顶部。酒店中庭高180 m，立面符号的重复渐变使得空间更具有节奏和韵律美，同时，通过这样的处理方式也使空间得到了延伸与扩大。无论在哪一层楼，美景都会尽收眼底（图4-103、图4-104）。

③二层平台休息及大堂酒廊区

休息及大堂酒廊区围绕中庭设置，平台喷泉和阶梯喷泉共同组成了非常美妙的音乐喷泉，旅客在休息放松的同时，也可欣赏到伯瓷饭店音乐喷泉的独特魅力（图4-105、图4-106）。

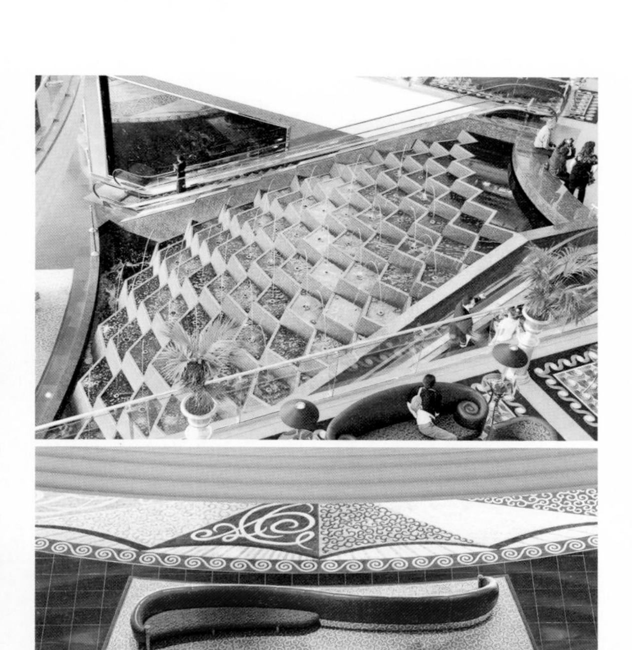

图4-103　主入口正对的多层阶梯音乐水幕，随音乐节奏发生高度及图案的变化，水幕两侧是上至二楼平台的自动扶梯，扶梯旁以高达6 m的巨型鱼缸作装饰

④精品商店

伯瓷饭店的精品商店包括出售当地具有地域特色的饰品和手工艺品等，从店面到室内的设计都是饭店整体风格和元素的延续（图4-107、图4-108）。

⑤ATM

ATM服务区单独设置在一个区域，保障了客户的使用安全（图4-109）。

图4-104　180 m高的中庭空间直到大楼顶部，金色的柱饰彰显了不凡的空间效果

图4-105　俯瞰二层中庭区域，阶梯喷泉与平台喷泉的完美组合

图4-106　二层休息区域沿中庭布置，亮丽的色彩、浓郁的民族符号、遥相呼应的水景，使得空间丰富而奢华

图4-107　精品店入口金色门饰的设计

图4-108　精品店入口处顶棚金色材质加上暖色灯光十分醒目

图4-109　ATM功能区域的设置

图4-110　公共通道及电梯厅

图4-111　电梯中的金色顶棚，通过反射形成的视错觉

⑥公共通道及电梯厅

金色柱体和材质在通道和电梯厅中的延续，设计语言整体统一，相互呼应（图1-110、图4-111）。

（3）餐饮空间

伯瓷饭店有9家特色餐厅和酒吧，均具有不同的设计风格和不同的用餐体验，在此以下面几个特色餐饮空间为代表阐述。

海鲜餐厅（Almahara）是伯瓷饭店中最具特色的餐饮空间，从酒店到海鲜餐厅需使用潜艇接送，在就餐前就可欣赏到海底景观，同时餐厅内设有迷人的全景落地水族馆，在珊瑚、海鱼构成

图4-112　具有意境的用餐环境

的餐厅环境中用餐，别有一番意境（图4-112、图4-113）。

此外，空中餐厅（Almuntaha）也极具特色，客人只需搭乘快速电梯，30秒内便可直达屹立于

图4-113　精美的餐桌陈设

图4-114　具有科技感的餐厅入口区域

图 4-115　阿拉伯海湾上200 m高空的餐厅

阿拉伯海湾上200 m高空的餐厅。空中餐厅可以俯瞰整个迪拜的风景，它以太空为设计元素，通过蓝绿为主的柔和灯光以及波浪形屋顶的元素来营造一个梦幻般的世界（图4-114、图4-115）。

除了以上两个餐厅外， Aliwan 也是伯瓷饭店内其中一个风格鲜明的自助餐厅，它位于世界最高中庭的中心，有中东和世界各地的佳肴供享用。餐厅整体装饰以深红、黑、白和金色为主，墙面及门廊采用了阿拉伯的传统建筑符号，此外，金色门框、金色布料、金色的玻璃镶嵌工艺以及樱桃木板上雕刻着的金色叶子遥相呼应，空间充满了浓郁的阿拉伯文化氛围同时又奢华闪耀（图4-116）。

图4-116　Aliwan自助餐厅

伯瓷饭店的餐厅风格多样化，Junsui 亚洲自助餐厅就是以现代时尚的设计手法去演绎空间。

Junsui自助餐包括了中国、日本、韩国、泰国和印度尼西亚五个国家的菜式，开放式厨房真正实现了最佳的互动用餐，同时，室内以施华洛世奇水晶装饰，现代时尚，华丽精致（图4-117）。

伯瓷酒店Juna 酒廊也极具特色，个性鲜明的色调、温暖丰富的材质和灯光，共同营造出了轻松、随意、感性的空间氛围（图4-118）。

图4-117　现代时尚的Junsui自助餐厅

图4-118　伯瓷酒店Juna酒廊

（4）客房空间

伯瓷饭店拥有202套豪华复式套房，酒店客房面积从170~780 m²不等，最小面积也有170 m²，每个楼层都有单独设置的服务台和高素质的饭店管家，为本层的客人提供细致周到的服务。

饭店客房包括了单卧豪华套房（170 m²）、单卧双床豪华套房（170 m²）、全景单卧套房（225~315 m²）、双卧无障碍套房（330 m²）、豪华双卧套房（335 m²）、俱乐部单卧套房（330 m²）、豪华双卧特大床套房（335 m²）、外交官三卧套房（670 m²）、双卧总统套房（667 m²）、双卧皇家套房（780 m²）房型。

客房内装修典雅辉煌，设置有卧室、起居室、酒吧、书房、餐厅、更衣室、浴室等功能空间，其开放式浴室配备有按摩浴缸和独立淋浴，并提供爱马仕淋浴用品。同时，客房内高科技设备完善，具有 42 英寸和 28 英寸宽屏交互式高清液晶电视、iPad/iPhone 迷你音乐站和媒体中心以及遥控设施可调控窗帘、电视、套房内音乐和灯光等高科技设备，此外，客房内免费提供 iPad 和笔记本电脑。伯瓷饭店客房以其奢华的设施、个性的装饰风格、人性化的服务给予客人顶级舒适的享受。

其中，奢华至极的是双卧皇家套房，面积有780 m²，全落地玻璃，可以随时面对一望无际的阿拉伯海， 一楼设有起居室、独立餐厅、私人影院、专用电梯、酒廊和图书室等；二楼设有两间卧室、两间起居室、专属更衣区、旋转睡床、按摩浴

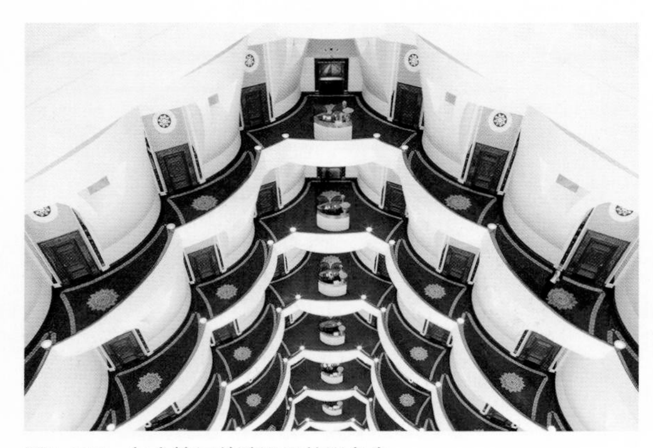

图4-119 每个楼层单独设置的服务台

图4-120 套房起居空间

图4-121 套房起居空间

图4-122 套房餐厅空间

图4-123 套房餐厅空间

图4-124　双卧皇家套房餐厅空间

图4-125　套房迷你吧

图4-126　套房酒吧空间

图4-127　套房卧室空间

图4-128　双卧皇家套房卧室空间

图4-129　套房书房空间

图4-130　双卧皇家套房书房空间

图4-131　套房梳妆更衣空间

图4-132　套房卫生间

池等。家具全部镀金，墙上的油画也均为名家真迹，极尽奢华和尊贵（图4-119~图4-133）。

（5）健身环境

伯瓷饭店的水疗健身中心位于饭店的18层，拥有泳池、护理室、健身中心等功能区域，采用了阿拉伯传统文化及色彩元素构成，具有浓厚的文化氛围，同时，又具备水疗空间应有的空间特性，提供给客人舒适、安静、放松的空间环境（图4-134~图4-136）。

图4-133　套房卫生间

图4-134　室内游泳池灵感来源于传统的阿拉伯浴室，泳池由蓝色和金色的玻璃以及五颜六色的瓷片镶嵌而成

图4-135　充满异域色彩的伯瓷饭店水疗中心

图 4-136　健身中心

图4-137　饭店宴会厅

图4-138　饭店会议厅

图4-139　空中网球场（屋顶的直升机停机坪）

（6）会议空间

伯瓷饭店同时拥有开展各类宴会及活动的室内外场地设施，其功能完备，设计优雅、奢华，颇具特色。如Al Falak双层宴会厅，面积宽敞，可容纳350位客人，在装饰风格上具有18世纪维也纳歌剧院的奢华风格，同时施华洛世奇水晶和金色叶片的装饰点缀使得环形宴会厅更加熠熠夺目，整个宴会厅非常适于晚宴、婚礼、发布会等豪华会场（图4-137）。

此外，伯瓷饭店的会议室也同时具备了先进完备的会议商务设施和精美现代的装饰风格，并可透过全落地玻璃纵览阿拉伯湾美景（图4-138）。

（7）其他空间

伯瓷饭店的功能空间还包括娱乐、外部环境、管理用房等功能空间，在此不作一一细说。总之，酒店犹如社会形态的一个缩影，是系统化多功能空间的有机整体，设计师要有“系统”观念，既要满足实用性的目的，又要为整个社会提供高品质的消费空间和文化导向（图4-139）。

案例启示：

①饭店设计的创意思路及主题表达。

②饭店功能空间的系统化架构。

③具备建筑、室内、景观、陈设、设备、服务等因素有机统一的系统观念。

④饭店不同功能空间的个性化塑造。

⑤地域文化和元素如何在空间设计中得以体现。

| 知识重点 |

1. 饭店的分类。
2. 饭店的等级规模与指标。
3. 饭店的功能。
4. 饭店的流线分为哪几大系统?
5. 饭店总平面布局可分为哪几种布局方式?
6. 饭店环境设计的特征。
7. 饭店公共部分内容及面积指标。
8. 大堂各功能设置及指标。
9. 大堂设计的原则及要点。
10. 饭店中庭的设计特点及造景手法。
11. 什么是商务中心?
12. 饭店客房的功能指标。
13. 饭店客房的尺寸及类型。
14. 客房的设计体现在哪几个方面?
15. 客房卫生间设计要点。
16. 餐饮空间的功能布局与面积指标。
17. 餐饮空间的主题性营造。
18. 餐饮功能空间环境设计包括哪些方面?
19. 饭店餐厅常用家具尺寸。
20. 饭店健身环境的设计要求。

| 作业安排 |

1. 实地考察调研饭店空间环境设计，并结合所学理论知识、方法及优秀案例，对该饭店进行案例剖析，完成图文并茂的调研报告。

2. 以团队方式完成一个饭店空间环境的系统化设计。

| 拓展练习 |

1. 五星级饭店标准间客房环境设计

项目条件：五星级饭店标准间，标高3 m，卫生间及过道标高2.6 m，房间长宽尺寸见图纸。

设计内容：平面布置图一张、主要立面图一张、效果图一张。

设计风格：现代、简洁。

设计要求：

（1）在给定的平面上完成布置图，包括划分功能空间，布置家具设施，地面材质（比例1：50）；

（2）画出一个主要立面图，标明色彩、材质（1：20）；

（3）完成彩色效果图一张；

（4）符合五星级酒店标准间客房的设计要求，制图规范，表现手法不限。

2. 饭店餐厅包房环境设计

项目条件：见原始平面图。

功能要求：用餐、休息、棋牌、电视等。

设计内容：平面布置图一张、主要立面图一张、效果图一张。

设计风格：中式风格。

设计要求：

（1）平面方案布置图一张，顶棚布置图一张（比例1：50）；

（2）画出一个主要立面图，标明色彩、材质（1：20）；

（3）完成彩色效果图一张，透视正确，意向清晰，简洁明快。

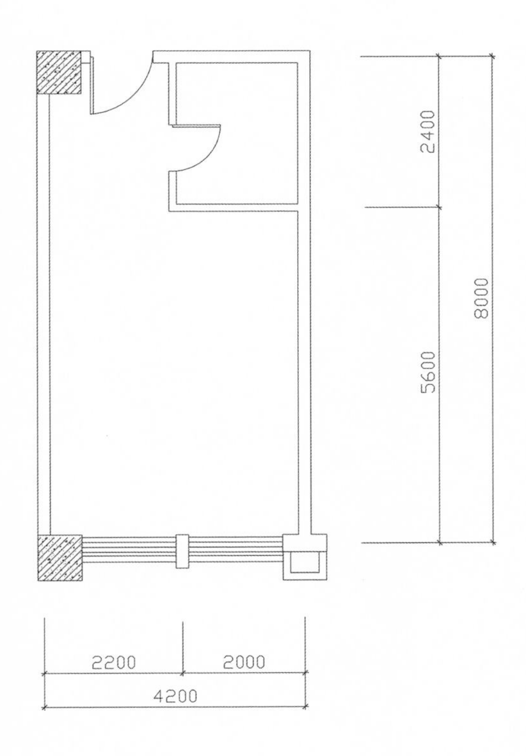

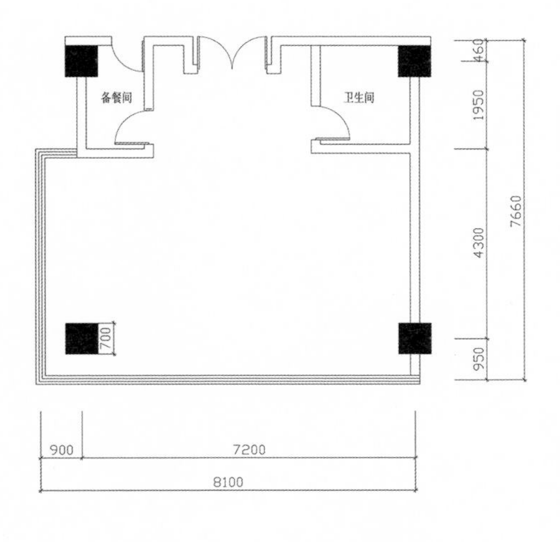

参考文献

[1] 陆震纬. 室内设计原理（下）[M]. 北京：中国建筑工业出版社，1997.

[2] 朱铭. 环境艺术设计[M]. 济南：山东美术出版社，1999.

[3] 林福厚. 展示设计[M]. 吉林：吉林美术出版社，1997.

[4] 世界建筑（杂志）[J]. 世界建筑杂志社.

[5] 室内设计与装修（杂志）[J]. 江苏室内设计与装修杂志社.

[6] 康韦・劳埃德・摩根. 展示设计实务[M]. 王俊，韩燕芳，译. 长春：吉林科学技术出版社，1999.

[7] Verlag H.M.Nelte. 德国室内设计[M].吴琼，等，译.大连：大连理工大学出版社，2001.

[8] 高木干郎. 宾馆・旅馆[M]. 马俊，韩毓芬，译.北京：中国建筑工业出版社，2002.

[9] 理查德. 商店及餐厅设计[M]. 李永君，刘君，译.北京：中国轻工业出版社，2001.

[10] 韩国建筑世界株式会社. 展示空间[M]. 李家坤，译.大连：大连理工大学出版社，2002.

[11] 中国室内装饰协会. 室内设计师培训教材[M]. 北京：中国建筑工业出版社，2009.

[12] 建筑学报[J]. 建筑学报杂志社，2013（7）.

[13] 凤凰空间・北京. 世界室内设计 2——居住空间 I [M]. 南京：江苏人民出版社，2012.

[14] 香港理工国际出版社. 100家全球最新品牌酒店[M]. 武汉：华中科技大学出版社，2011.

[15]（美）拉索. 图解思考[M]. 邱贤丰，等，译.北京：中国建筑工业出版社，2002.

[16] 杨明涛，明月国际（香港）出版公司. 顶级酒店10[M].大连：大连理工大学出版社，2001.

[17] 香港理工国际出版社有限公司. 度假天堂：度假酒店设计[M]. 天津：天津大学出版社，2011.

作者简介

许亮

四川美术学院设计艺术学院副院长、教授、硕士生导师、高级室内建筑师。教育部设计类专业教学指导委员会委员、中国建筑装饰协会全国有成就的资深室内建筑师。

出版国家级规划教材《空间环境系统化设计》及《展示设计》《室内环境设计》《环境艺术设计原理》《景观艺术设计》等著作；主持完成省部级社科重点研究课题《巴渝民俗视觉艺术研究》以及“海航保利国际中心”“缙云山步道公园”“中国华美整形医院”等设计项目。